Effective Software Architecture
Building Better Software Faster

Effective 软件架构

更快地构建更好的软件

[美] 奥利弗·戈德曼（Oliver Goldman）著
费良宏 译

机械工业出版社
CHINA MACHINE PRESS

图书在版编目（CIP）数据

Effective软件架构 : 更快地构建更好的软件 / (美) 奥利弗 · 戈德曼 (Oliver Goldman) 著 ; 费良宏译. 北京 : 机械工业出版社, 2025. 4. -- (架构师书库). ISBN 978-7-111-78063-2

Ⅰ. TP311.561

中国国家版本馆CIP数据核字第2025QT7973号

机械工业出版社（北京市百万庄大街 22 号　邮政编码 100037）

策划编辑：刘　锋　　责任编辑：刘　锋　赵亮宇

责任校对：王文凭　杨　霞　景　飞　　责任印制：张　博

北京铭成印刷有限公司印刷

2025 年 7 月第 1 版第 1 次印刷

186mm × 240mm · 12 印张 · 193 千字

标准书号：ISBN　978-7-111-78063-2

定价：69.00 元

电话服务	网络服务
客服电话：010-88361066	机　工　官　网：www.cmpbook.com
010-88379833	机　工　官　博：weibo.com/cmp1952
010-68326294	金　　书　　网：www.golden-book.com
封底无防伪标均为盗版	机工教育服务网：www.cmpedu.com

谨以此书献给 Gloria，感谢她一直以来的爱与陪伴！

本书赞誉 *Praise*

本书不仅仅是一本关于架构的书，它更像是一本“软件架构师养成指南”，指引你如何胜任软件架构师这一角色。书中的内容涵盖了关于这个角色的方方面面：从影响产品未来数年走向的决策，到为产品挑选一个好名字，等等。书中还将对一些传统观点进行了反思，帮助读者跳出固有的思维模式。

——Daniel Jackson

麻省理工学院计算机科学教授

尽管架构师具备了必要的领域内专业知识，也能够提出好的想法，但他们往往难以在组织中发挥预期的影响力。本书针对这一问题，为架构师个人和架构团队提供了深刻的见解和切实可行的建议，帮助他们在实际工作场景中取得成功。

——Dan Foygel

Adobe 首席架构师

本书深入探讨了大规模软件交付中的关键要素。书中阐述的思考、概念和方法不仅适用于架构团队，也适用于我合作过的每一个人。作者不仅文笔流畅，而且见解独到，所提供的观点在理论和实践中都极具实用价值。

——Noah Edelstein

Smartsheet 公司产品管理副总裁

在我的职业生涯中，最令人沮丧的项目莫过于更新那些缺乏精心设计和文档记录的系统架构。本书深入探讨了清晰地思考软件架构的重要性，并提供了相应的工具。我衷心希望每个人都能对架构进行如此深刻的思考！

——Andrew Certain

Amazon Web Services 杰出工程师

译者序 *The Translator's Words*

掩卷良久，我仍然被本书中围绕软件架构实践引起共鸣的文字所震撼。作者以一种前所未有的方式，将复杂的软件架构概念变得通俗易懂，让每一位对软件充满好奇的读者都能从中找到共鸣。本书不是一本枯燥的技术手册，而是“一场探索架构之美的奇妙旅程”。

在错综复杂的软件开发实践中，架构是一条无形的线索，将各种组件、技术以及思想结合在一起，形成一个和谐的整体。它是指导构建复杂的软件系统的蓝图，确保它们不仅具有功能性，还具有可扩展性、弹性和可维护性。

作为一名资深的软件架构师，我深知架构设计对软件开发成功的重要性，也曾目睹那些精心打造的架构具有的变革性的力量。它可以将项目从单纯的技术实践提升为战略资产，推动企业向前发展。然而，架构之上往往笼罩着一层神秘的面纱，让许多人望而却步。本书将带领读者拨开云雾，一窥架构设计的精髓。无论是企业的管理者、经验丰富的架构师，还是刚踏入编程领域的初学者，都能从本书中受益匪浅。

本书将带你深入探索软件架构的方方面面：

- **核心原则与最佳实践**。从基础概念出发，逐步深入，探讨软件架构的设计原则、模式和最佳实践。
- **协作与沟通**。软件开发是一个团队协作的过程，本书强调架构师在团队中的重要作用，以及如何与具备不同角色的成员高效沟通。
- **技术趋势与挑战**。面对快速变化的技术环境，如何设计出适应未来发展的架构？本书将为你提供一些宝贵的建议。

- **案例分析**。通过丰富的案例分析，你可以学到如何将理论知识应用到实际项目中，解决各种复杂的设计问题。

这是一本既有深度，又有温度的书。作者用平实的语言、幽默的比喻，将枯燥的理论变得生动有趣。无论你是想提升自己的技术水平，还是想更好地理解软件系统的运行机制，这本书都能满足你的需要。

让我们一起加入这个旅程，揭开软件架构的复杂性，发现它塑造技术未来的力量吧！

前 言 Preface

坦率地说，当我从大学计算机科学专业毕业时，我对打造一款软件的科学原理只具备一个外行人的粗浅理解。我学习过数据库、算法、编译器、图形学、CPU 架构、操作系统、并发性等知识，并且在某种程度上，我还拥有一个将这些技术联系起来的框架。

由于我经常在课堂之外编写软件（主要是暑期工作），因此我深知将学术知识用于实际产品开发面临多重挑战。选择和实现合适的算法通常只是其中相对容易的部分，真正的困难之处在于如何处理庞大的代码库，如何创建实用的用户体验，如何进行质量和性能测试，以及如何与团队成员协同开发同一个产品。

毕业后，我从事过一系列软件产品的开发工作。尽管大多数项目并未取得成功，但我始终秉持着从经验中学习的态度。如果说“从失败中学习”这一老生常谈的观点是正确的，那么在那段时间里，我确实收获颇丰。

在参与多个不同项目的过程中，我发现与大多数同行相比，自己往往对产品有更系统性的理解，能够更清晰地认识到产品的内部组件及其相互之间的关系。尽管我当时并未完全意识到，但这种洞察全局并进行推理的能力实属一种难得且相当有用的技能。

软件架构的实践旨在全面理解软件系统的所有组件及其相互之间的关系。“架构”一词并非软件行业独创，它实际上来源于建筑行业，并适用于各种类型的产品。例如房屋、汽车、电视、火箭，都有各自的架构。如果我是一名火箭科学家，我可能更关注火箭的各部分如何协同工作，而非特定阀门或喷嘴的设计。当然，这只是假设，毕竟我现在从事的是软件领域的工作。

回顾我几十年的行业生涯，软件产品的复杂性发生了翻天覆地的变化。在我职业生涯的初期，一个可行的软件产品指的就是能够盈利的产品，仅需要一张软盘的容量，一次只能在一台计算机上运行，而且无法连接互联网。

如今，一个在“云端”运行的软件产品可能包含数百个相互协调的程序，这些程序运行在多个地理位置分散的节点上，每天更新数次，并被期望能够永远不间断地运行（尽管有时也会出现中断）。在较短的时间内，软件产品的本质已经发生了根本性的变化。

软件架构的演进使其比以往任何时候都更加复杂，也更加重要。复杂性体现在需要管理和追踪的组件和关系的数量激增。重要性则体现在如果无法有效管理这些关系，系统的复杂性将不可避免地限制其可靠性和未来开发的速度，最终导致大多数产品的终结。我个人也曾目睹过这种情况的发生。

软件架构的意义远不止于管理复杂性，但如果要评选架构作为一门学科最有价值的成果，那么非它莫属。复杂性会对软件的功能造成全方位的损害：它会导致软件行为难以预测，进而损害用户信任；它会导致缺陷，降低软件的可靠性；它会传播故障，将不起眼的错误演变成大规模的故障；它还会阻碍人们对于软件的理解，最终导致任何简化软件状态或结构的尝试都以失败告终。总而言之，复杂性是软件的大敌，而规范的架构实践则是对抗它的最佳武器。

在我职业生涯的后期，我有幸带领团队负责多个大型复杂软件产品的架构设计。这些产品均已问世十多年，并非全新的产品。我的工作内容与其他架构师别无二致，首先要完成以下任务：了解系统当前的架构，评估其是否满足当前和预期的需求，并提出和评估改进方案。我将在本书后面的章节中详细讨论如何完成这些工作。

虽然上述活动必不可少，但将它们与软件架构等同，就好比上过几节计算机课程便声称自己会写软件。这仅是一个良好的开端，要真正使软件架构成为软件开发中不可或缺且成功的部分，还有很长的路要走。而这也正是本书的意义所在：如何在软件开发组织中进行架构实践。

专注力

本书并非软件架构指南，不会阐述客户端 – 服务器、领域驱动设计、感知 – 计算 – 控制等架构风格，也不会探讨如何选择数据库技术、进行区域化部署或实施扩展性设计。当然，这些都是重要的话题，已经有众多的书籍、博客和其他资源对此进行了详细介绍，也有很多架构师精通这些领域。

但是，仅掌握归并排序算法的实现方法，并不足以编写出一个应用程序；同样，仅熟悉某种特定架构，也远不足以创建出应用该架构的系统。归并排序算法或许可以由一名工程师单独完成，而系统架构的设计则必然涉及更多人员的参与。

本书旨在阐释如何将软件架构技能和知识应用于更为庞大、复杂的产品开发流程之中。本书没有局限于特定的架构风格，而是对软件架构进行了定义，明确了它在产品开发团队众多专业领域中的定位和作用，并明确架构与和它关联的概念、流程、标准等要素的多个接触点。

我们将深入探讨“变更”这一主题。识别、管理和设计系统的变更是架构实践的核心。架构设计的过程有时如同一个“黑盒子”，对话从一端进入，一个完整的设计方案从另一端产出。实际上，变更的过程是持续进行的，并且由一系列独立的步骤组成。为使这些步骤清晰可见，并引导它们稳步向前，我们所能做的一切努力都将改善整个过程。

工程设计就是在进行利弊的权衡，开发和演进系统的过程需要不断地做出设计决策。每个决策都会打开一些路径，同时关闭另一些路径；或者，当我们发现沿一条路径会走到死胡同时，就需要推翻先前的决策。如何做出这些决策本身就是一项关键的技能。项目团队做出的正确决策越多，浪费在重新决策上的时间就越少。而且，越是快速地做出正确决策，项目就越能更快速地推进。

在任何规模较大的项目中，管理和沟通都是至关重要的考量因素。我们需要明确哪些决策已经敲定，哪些决策仍在讨论中。同时，我们还需要统一描述系统的词汇，并阐明选择当前架构的原因。总而言之，工具、流程和沟通是项目顺利进行的关键所在。

最后，我们将探讨组织环境中的架构团队，包括将软件架构师定义为一个独立角色。我们会考虑架构团队的组织结构的选择，以及架构师如何与组织内其他专业部门互动。此外，还将探讨如何发现、培养和发展架构人才。

动机

软件系统的复杂程度与日俱增。我们早已习惯能够在各种设备上随时随地获取所需信息和工具的产品，这些产品服务于全球数十亿用户，而创建和运营此类系统所面临的挑战，已远非几十年前简单的独立软件产品所能比拟。

软件架构在构建和运行大规模系统中扮演着独特且至关重要的角色。尽管软件架构只是众多协作学科中的一员，但它尤其需要具备“全局观”，即能够理解系统中所有元素如何协同工作，以及如何随着时间的推移而演进系统结构。在过去 20 多年中，架构师在开发应对这些挑战的技术和方法方面取得了巨大的进步。一个组织在软件架构方面做得越好，就越能按时交付高质量的软件。

尽管如此，大多数产品开发组织在软件架构方面的表现仍有许多提升空间。我曾在接手一个全新的项目时对此深有体会。当时我负责领导一个经验丰富的架构师团队。就个人能力而言，这些架构师都能够胜任软件设计工作。然而，他们并未有效地整合自身的技能，从而为团队的目标做出更大的贡献。他们在文档记录、流程梳理和沟通交流方面的投入明显不足。

因此，该架构团队表现不佳，难以确定工作的优先级，有时甚至将精力用在错误的问题上。由于缺乏高效的决策流程，他们难以做出决策并贯彻执行。此外，他们在记录工作方面缺乏一致性，导致工作成果有时会被忽略或需要重新获取。该项目复杂且非常重要，需要投入大量的架构资源。然而，尽管该团队的成员拥有大量架构经验，但他们的表现却令人大失所望。

当与新团队的成员交流时，我意识到他们能够察觉到问题的存在——知道团队正处于困境——但无法确定问题的根源。就个人而言，他们都具备软件架构设计的能力；但作为团队整体，却不知如何有效地实践软件架构。他们缺乏必要的组织结构，无法将个人的努力凝聚成团队的合力，也无法将软件架构工作有效地融入更大的组织之中。

正是那段经历直接促成了本书的创作。这些架构师拥有数十年的工作经验，但如果连他们都不了解如何开展有效的架构实践，那么很可能还有许多同行也处于同样的困境。诚然，软件文献中并非完全忽略了架构团队的管理和运作，但对此也缺乏广泛、深入的探讨。例如，Taylor、Medvidovic 和 Dashofy 于 2010 年出版的 *Software Architecture: Foundations, Theory, and Practice* 一书共有 675 页，其中仅有 3% 的篇幅涉及“人员、角色和团队”。我个人收藏了大量软件架构相关的图书，而关于这一主题却仅此一本。因此，我决定补上这一空白。

受众

本书面向软件架构师、架构师团队的管理者，以及他们在产品管理、用户体验、项目管理等相关领域的同行。软件开发是一个需要多学科协作的领域，所有这些学科都需要协同工作。本书将阐释软件架构作为一个学科的定义，以及它在软件开发中的作用，并介绍架构师和架构团队的运作方式，希望能够使所有相关人员从中受益。

本书为架构师提供了与其自身的方法进行比较的指导。无论从业的年限如何，读者都能从中发现新的见解。软件架构领域尚处于发展初期，缺乏被广泛接受的知识体系以及一致或规范的实践方法。

本书也适用于所有与软件架构团队合作的人员。随着项目的扩展，团队成员的角色会逐渐分化：产品经理专注于需求，测试团队负责创建测试计划，安全团队则致力于开发威胁模型。每个角色都有其专业领域。然而，所有这些工作最终都必须整合在一起，形成一个有机的整体，这就要求每个人都了解这些功能是如何相互配合的。换言之，他们必须了解系统的架构。本书将帮助所有参与软件项目的相关人员理解软件架构在实现目标方面所起的作用，并提供清晰易懂的关于架构的描述。

最后，本书尤其适合负责管理或创建架构团队的管理人员阅读。书中会详细阐释软件架构的工作原理，帮助管理人员深入了解架构功能，从而判断现有架构是否满足实际需求，并在招聘新成员时明确自己的目标。

成功

高效的软件架构功能能够帮助产品开发组织更快地构建优质软件。软件架构作为一门学科，致力于应对软件开发过程中最为棘手的挑战：组织各个系统，管理变更与复杂性，以及设计兼具效率与可靠性的系统。拥有出色架构的软件系统不仅能够运行良好，还能随着时间的推移保持优良的性能。反之，架构不佳的系统则往往会以令人大跌眼镜的方式走向失败。

成功的软件架构实践还能够将这些能力与产品开发过程中更广泛的挑战相结合。架构师具备了整合各方需求的得天独厚的优势，因此能够设计出一个具有凝聚力的整体，而不是彼此割裂的独立部分的简单集合。同时，得益于这种对全局的掌控，他们也能够清晰地向所有人阐释这些部分是如何构成一个有机体的。

要想出色地完成这项任务，需要的不仅是计算机科学的学位和相关架构风格的经验，更重要的是需要具备以下能力：创建可预测且可重复的变更流程；快速有效地制定决策；建立一个能够不断进步和提升的团队。

简而言之，软件架构对我们开发和交付适用软件的能力的影响与日俱增。我希望本书能为广大读者及组织提供指导，以期开展更加高效的软件架构实践。

致 谢 Acknowledgments

本书凝聚着我数十年来在学习和工作中积累的知识与经验。多年来，给予我影响和启迪的人士不胜枚举，但其中有一些关键人物，我必须在此特别致谢。

我想先介绍一下我的家人——我的父母 Bernadine 和 Terry，以及我的兄弟姐妹 Elizabeth、Leah 和 Matthew。在我九岁那年，父母买了一台 Commodore 64 计算机，我的软件生涯也由此起步。我是在书香的熏陶下成长的，童年时我的家中充满了书籍，家人都崇尚思考，也常常进行各种文字游戏。也许正是这样的成长环境，让我萌生了这样的念头——希望有一天能够在书上看到自己的名字。现在，Commodore 64 计算机帮助我实现了这个愿望。

我衷心地感谢我的两位优秀的高中英语老师 Jeff Laing 和 Rick Thalman，是他们教会了我写作，并让我掌握了写作的方法。我将永远感激他们给予我悉心的指导和鼓励。此外，我也要感谢 Tom Laeser，感谢他给予我在计算机实验室自由地学习和实践的机会。

在大学期间，我有幸师从 Mendel Rosenblum 先生，他不仅是我的导师，也是我的操作系统课程的讲授者，而这些课程正是我的最爱。在暑假和大学毕业后的一段时间里，我有幸为 George Zweig 先生工作。George 先生十分信任当时年轻气盛的我，将许多重要的工作交予我负责。直至今日，回想起早年的那些经历，我仍感慨万千。

我职业生涯的大部分时间都是在 Adobe 公司度过的，十分有幸与众多优秀的同事共事。受篇幅所限，无法对所有人一一表达感谢，但仍要特别感谢 Winston Hendrickson 和 Abhay Parasnis 两位领导，他们给予了我许多宝贵的机会，我也希望能不辜负他们的期望。同时，我也要感谢 Boris Prüßmann、Dan Foygel、Leonard Rosenthol、Roey Horns 以及 Stan Switzer，他们与我共同合作了许多项目，并为本书中许多理念的开发和完善提供了宝贵的灵感。

衷心感谢 Brett Adam、Dan Foygel、Kevin Stewart 和 Roey Horns 审阅本书的早期草稿，并提供了宝贵的反馈意见。同时，我也要对 Manjula Anaskar、Haze Humbert、Menka Mehta、Mary Roth、Jayaprakash P. 以及 Pearson 集团幕后的所有工作人员表示感谢，感谢他们给予我这次机会，并在整个过程中给予我悉心指导。他们的帮助让我实现了毕生的目标之一，我对此深怀感激。

我还要衷心感谢我的妻子 Gloria 以及我们的四个儿子。本书是在我们共同营造的温馨的家中完成的，幸运如此，我倍感欣慰。

关于作者 *About the author*

奥利弗·戈德曼（Oliver Goldman）在 Autodesk 公司领导 AEC 软件架构的实践工作。他在分布式实时交互、科学计算、金融系统、移动应用程序开发和云计算架构等领域拥有 30 多年的行业经验，曾在 Adobe 等公司交付过众多的创新产品。他拥有斯坦福大学计算机科学的两个学位，是 50 多项美国软件专利的发明人，并曾为 *Dr. Dobb's Journal* 杂志撰稿。

Contents 目 录

本书赞誉

译者序

前言

致谢

关于作者

第 1 章　软件架构

1.1 基础架构 …… 2

1.2 系统概述 …… 3

1.3 在组件中的体现 …… 4

1.4 组件之间的关系 …… 6

1.5 系统与环境的关系 …… 7

1.6 决定设计的原则 …… 9

1.7 架构演进 …… 11

1.8 总结 …… 13

第 2 章　架构的背景

2.1 概念 …… 15

2.2 可靠性 …… 17

2.3 具有重要架构意义的需求 …… 18

2.4 产品家族 …… 20

2.4.1 一款产品，多平台发布 …… 20

2.4.2 产品线 …… 22

2.4.3 产品套件 …… 23

2.4.4 跨平台的平台 …… 24

2.5 平台建设 …… 25

2.6 标准规范 …… 27

2.7 总结 …… 29

第 3 章　变更

3.1 变更的阶段 …… 31

3.2 变更的类型 …… 32

3.3 产品驱动型变更 …… 33

3.4 技术驱动型变更 …… 35

3.5 简洁性 …… 36

3.6 投资思维 …… 39

3.7 增量交付 …… 42

3.8 架构演进 …… 44

3.9 总结 …… 47

第 4 章 流程

4.1 编写系统文档 …… 49
4.2 奔向愿景 …… 51
4.3 撰写变更提案 …… 52
4.4 维护待办事项列表 …… 54
4.5 考虑其他可行方案 …… 55
4.6 学会说不 …… 58
4.7 紧急性与重要性 …… 59
4.8 重新编写系统文档 …… 59
4.9 总结 …… 60

第 5 章 设计

5.1 如何加速架构设计 …… 64
5.2 设计如何驱动架构演进 …… 66
5.3 分解 …… 67
5.4 组合 …… 69
5.5 组合与平台 …… 70
5.6 循序渐进 …… 71
5.7 并行处理 …… 72
5.8 组织结构 …… 73
5.9 在开放环境下工作 …… 74
5.10 放弃 …… 76
5.11 完成 …… 77
5.12 总结 …… 77

第 6 章 决策 …… 79

6.1 更多的信息会有所帮助吗 …… 80
6.2 决策期间发生了什么 …… 81
6.3 有多少决策正在进行 …… 82
6.4 不这样做的代价是什么 …… 83
6.5 我能接受这个变更吗 …… 84
6.6 犯错的代价是什么 …… 86
6.7 我能有多大把握 …… 87
6.8 这是我应该做的决策吗 …… 88
6.9 决策是否符合要求 …… 89
6.10 应该将决策记录下来吗 …… 90
6.11 总结 …… 91

第 7 章 实践 …… 93

7.1 待办事项列表 …… 94
7.2 目录 …… 97
7.3 模板 …… 98
7.4 评审 …… 100
7.5 状态 …… 103
7.6 速度 …… 105
7.7 思考 …… 107
7.8 总结 …… 108

第 8 章 沟通 …… 110

8.1 心智模型 …… 111
8.2 写作 …… 113
8.3 谈话 …… 115
8.4 信息架构 …… 117
8.5 命名 …… 122
8.6 词典 …… 124
8.7 倾听 …… 126
8.8 总结 …… 128

第 9 章　架构团队 …… 129

9.1 专业化 …… 130

9.2 组织结构 …… 131

9.3 领导力 …… 135

9.4 责任 …… 137

9.5 人才 …… 139

9.6 多样性 …… 140

9.7 文化 …… 140

9.8 聚会 …… 142

9.9 研讨会与峰会 …… 143

9.10 总结 …… 144

第 10 章　产品团队 …… 145

10.1 开发方法论 …… 146

10.2 与产品管理部门合作 …… 148

10.2.1 提供帮助 …… 151

10.2.2 其他成果 …… 152

10.2.3 设定边界 …… 153

10.3 与用户体验团队合作 …… 154

10.4 与项目管理团队合作 …… 155

10.5 与工程团队合作 …… 157

10.6 与测试团队合作 …… 161

10.7 与运营团队合作 …… 163

10.8 总结 …… 166

结论 …… 167

参考文献 …… 171

第1章 Chapter 1

软件架构

高效的软件架构实践能够帮助产品开发组织更快地开发出更优质的软件。但在探讨高效的实践之前，我们需要先理解什么是软件架构。软件架构是一个在软件行业中频繁出现的术语，但其定义却常常缺乏严谨性。本书所介绍的实践方法与严格、完整的架构定义密切相关，因此，明确软件架构的定义就显得至关重要。

软件架构常与软件设计混淆，但两者实则截然不同。软件设计是指在特定时间点对软件组件的排列组合，这些组件共同构成一个软件系统。在系统开发过程中，我们会为每个版本制定功能规划，确定其运作方式，这便是软件设计的过程。

当我们对同一个系统的下一个版本进行迭代开发时，又会发生什么？答案是，我们会改进设计，这就是我们引入变更的方式。但我们不会全盘否定、从头开始，每个后续设计都与之前的版本息息相关。

软件架构就是通过迭代创建一组相关设计的模板。架构本身也需要设计，但它不仅仅是一个设计成果。因此，有效的软件架构实践并非仅创造一个优秀的设计，而是为创建数十、数百甚至数千个设计奠定基础。这正是软件架构的潜力所在，也是有效的软件架构实践所能带来的承诺。

那么，架构的本质是什么？标准在架构中扮演着至关重要的角色，因此，我们不妨从电气与电子工程师学会㊀标准中的定义出发，来展开关于架构的讨论：

> 架构是一个系统的基本组织结构，具体体现在其各个组成部分、它们之间的关系和环境，以及其设计和演化所遵循的原则。[1]

为了彻底理解上述定义，让我们对其进行逐字逐句的分析。

1.1 基础架构

假设你正在开发一款包含上百个组件的软件产品。这些组件的具体类型并不重要，它们可以是服务、软件库、容器、函数或插件。关键在于，你的产品正是由这些组件构成的，并且组件之间的交互实现了产品的特性和功能。

现在想象一下，我们使用随机数生成器来决定每个组件的类型（例如服务、软件库等）及其通信方式。通常，组件类型与其通信方式是相关联的，例如，代码库通常设计为通过本地过程调用来使用，而服务则不会采用这种方式。但这并不影响我们的讨论，我们可以从合理适用于每个组件的通信方式中随机选择。

你可能已经意识到，让这些组件协同工作并非易事。这是因为不同的组件需要采用不同的实现技术、工具以及部署方式。当我们尝试将这些组件连接起来时，将会面临诸多不匹配的问题，并且需要在本地调用和远程调用之间进行转换，还需要处理消息传递和函数调用之间的转换问题。我们从随机性入手，构建了一个缺乏基本组织结构的系统。幸运的是，这个系统仅存在于我们的想象之中。

现实中，没有人会以这种方式工作，每个真实的系统都拥有一些基本的组织结构。而系统的基本组织结构往往在一定程度上受制于外部因素。举例来说，如果你正在开发一款移动应用程序，那么构成该应用程序的元素将主要以软件库的形式呈现，并且它们主要通过本地过程调用进行通信。相反，如果你正在构建基于云计算的产品，则可以围绕服务来组织你的系统。

然而，当谈论系统的架构时，我们通常指的是超越外部约束的更为基础的组织结

㊀ 电气与电子工程师学会（IEEE）建立于 1963 年 1 月 1 日，是国际性的电子技术与信息科学工程师协会，亦是世界上最大的专业技术组织之一，拥有来自 175 个国家的 43 万多名会员。——译者注

构。例如，云服务必然通过网络进行通信，但这种通信是基于请求 - 响应模式组织还是基于消息传递模式组织呢？任何在设计之初选择了其中一种而不是其他模式的系统，其组织结构都会围绕着这种特定方法来构建。

图 1-1 展示了不同方法对构建系统基本组织结构的影响。如左侧子图所示，随机系统由类型各异的组件（以不同形状表示）组成，这些组件通过不同的机制（以不同线型表示）进行通信，组件之间具有任意的关联。外部约束通常会对组件类型和通信机制进行限制，如中间子图所示，形状和线型趋于统一。然而，外部约束很少对系统内部关系施加干预。图 1-1 右侧子图展示了一个基本组织结构清晰的系统。该系统采用一致的组件类型和通信机制，并且组件间的关系是结构化的。

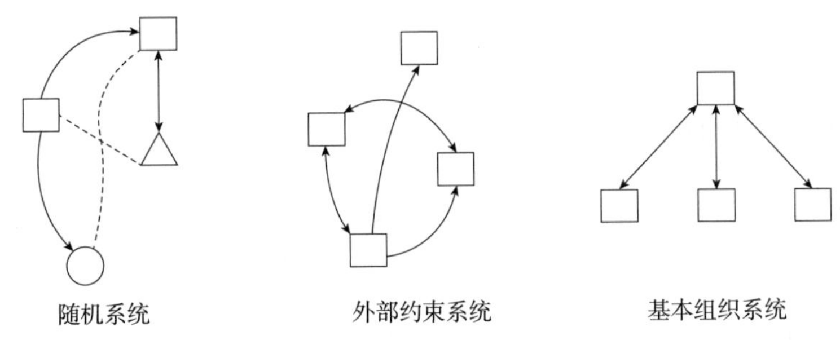

图 1-1　基本组织层次。随机系统（左）的组件和关系类型较为混杂。大多数系统（中）的组件和关系类型至少会受到一些外部约束。而组织化的系统（右）通过进一步的约束，带来了额外的一致性

1.2　系统概述

在本书中，“系统”一词将会频繁出现。它不仅出现在我们对架构的定义中，本章也已多次提及。那么，究竟什么是系统呢？

就本书而言，我们将“系统”定义为协同工作以提供一项或多项功能的任何软件组件的集合。系统规模可大可小：大型的可能包含成百上千个组件，并在数量规模与之相似的计算机上运行；小型的，例如在由电池供电的无线传感器上运行的嵌入式软件，也可以算作一个系统。

系统并非孤立运行的。在开发无线传感器软件时，就目的而言，可以根据传感器

上运行的软件来设定系统边界。该传感器会与其他传感器一同将数据发送至其他系统进行处理。对于软件开发者而言，这种处理系统属于系统运行环境的组成部分，而非系统本身。例如，系统开发工作也可能由其他团队负责。

系统也可以由其他系统组成。换句话说，一个新的系统可以定义为由两个或多个较小的系统构成，并且可能包含一些额外的组件。例如，一个无线传感器系统可以与一个数据处理系统组合，构成一个具备监控能力的独立系统。

因此，当我们谈论架构中的"系统"时，允许根据相关范围来设定系统边界。本书涵盖了软件架构的各个方面，适用于任何规模的系统。诚然，某些问题在较小规模的系统中更容易解决，因此，你可以根据实际系统需求来调整架构实践应用的范围和严格程度。

1.3 在组件中的体现

系统的基本组织结构难以轻易改变，它在技术、通信、结构等方面所隐含的决策，最终都会体现在构成该组织的各个组成部分之中。事实上，正是组织结构在各个组成部分中的具体实现，才最终塑造了整个系统的形态。

人们很容易低估这些决策的深远影响。随着移动计算和云计算方案逐渐取代桌面计算，那些在桌面计算代码上投入巨资的公司开始积极寻求解决方案，希望将在这些代码库上的巨额投资转移到新的平台和形式上。

最初，这一挑战看似只是一个代码移植的问题，例如代码需要在新的 CPU 架构上运行，或适配不同的操作系统。诚然，做出此类改变并非易事，但也并非天方夜谭。毕竟，许多代码库都曾经历过类似的移植过程，比如从 Windows 系统移植到 macOS 系统。

然而，大多数桌面应用程序的基本组织结构远不止 CPU 指令集或操作系统。例如，大多数桌面应用程序都基于一个假设：可以访问快速且可靠的本地磁盘。这一点不言自明，许多桌面应用程序的架构师甚至不会刻意提及，因为不会有其他选项可供选择。

因此，在许多此类应用中，快速可靠的磁盘访问的假设不仅体现在每个组件中，甚至会深入这些组件的每一行代码中。无论是读取配置数据、设置用户偏好，还是保存进度，都可通过调用文件系统的 API 轻松解决，毫无压力。

但是，将数据迁移到云端就会打破这种假设，并且所有依赖于此假设的代码都将失效。虽然数据仍然存在，但检索速度可能会很慢（因为需要通过网络传输），并且可靠性也会降低（同样因为网络传输）。甚至，数据检索在网络中断时会完全失效，直到网络恢复正常。

图 1-2 展示了上述假设是如何体现在系统组件中的。如左侧子图所示，桌面应用程序中的组件直接且独立地连接到文件系统，并且假定和依赖于能够对数据进行快速、即时的访问。

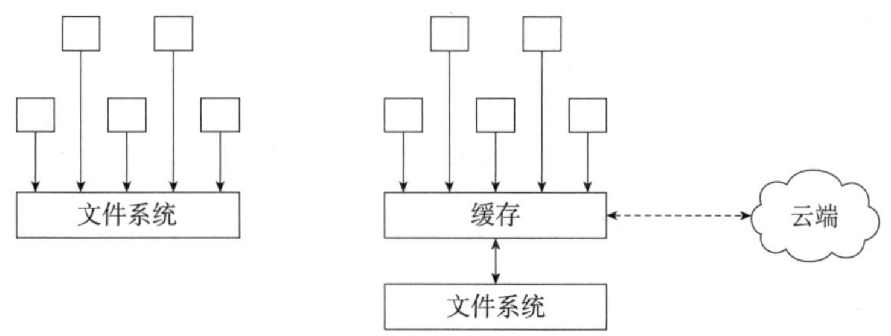

图 1-2　系统的基本组织结构体现在其组件中。如左图所示，系统的组织结构围绕文件系统展开，体现在每个组件中。而在右图中，系统组织结构已转变为通过缓存机制来调节对数据的访问

为了处理这种数据的不确定性，编写组件时需要采用一种不同的基本组织方式。数据的来源访问速度可能很慢，甚至可能无法访问。因此，此类组件通常围绕本地缓存进行组织，并将大量精力投入到管理数据在缓存和存储之间移动的方式上。

图 1-2 右侧子图展示了一种替代的组织结构，其中各组件与缓存绑定，而缓存则作为本地存储和云端存储之间的中介。在这种架构中，组件的设计也考虑到了数据可能存在或不存在于缓存中的情况。当缓存数据缺失时，访问数据将会变得缓慢（需要通过网络检索），甚至完全无法访问（如果网络中断）。

围绕文件系统抽象进行组织并不能真正解决这个问题。构建一个文件系统抽象并不难，它可以弥合不同桌面操作系统之间，甚至移动操作系统和桌面操作系统之间的差异。但是，对于云中的数据来说，这是一个错误的抽象，因为它仍然依赖于快速的

本地访问这样的假设。这些基本假设可以像代码一样轻松地体现在接口和抽象之中。

需要明确的是，关于架构的基本组织结构如何体现在其组件中，其中涉及的内容远不止存储和文件系统。架构会设定一些假设，而这些假设会被植入每个组件的每一行代码中，以上的例子很好地说明了这一点。架构的价值和难点正体现在这里，所以我们会多次回到这一点来进行讨论。

1.4 组件之间的关系

作为开发人员，我们往往更重视组件，而非组件之间的连接。组件是由我们编写的代码所构成的，因此相比于抽象的连接，组件更为具体，更像软件中实际存在的部分。组件可以被编译、打包、分发和交付，这一切都让组件显得几乎触手可及。

但是，组件本身并不有趣。只有当这些组件以一种有意义的方式相互连接时，软件才会焕发出生命力。因此，组件之间如何连接以及连接哪些组件，应该是有意为之，而非偶然为之。

一些著名的架构将“关系”置于核心的地位。以 UNIX shell 的架构为例，它包含两个基本元素：程序和流。流具有方向性，区分输入端和输出端。程序负责读取零个或多个输入，并写入零个或多个输出。而 shell 的作用则是将不同程序的输出和输入连接起来，形成数据流动的管道。

UNIX 架构对这些程序的具体运行方式并无过多规定。这些程序可以使用不同的编程语言编写，可以处理二进制数据或文本数据等。大多数程序规模相对较小，专注于完成单一的任务。(强调程序的小型化和功能专一化是 UNIX 的一项架构原则，我们稍后将对这些原则进行详细讨论。)

程序间的关系日益受到关注。默认情况下，每个程序都拥有一个输入流（stdin）和两个输出流。其中，输出流又分为“标准”输出（stdout）和一个用于处理错误的特殊流（stderr）。无论是输入流还是输出流，处理更多的流是可行的，但这项操作往往显得烦琐。

这种方法的妙处在于它简洁而强大。在不同时间由不同开发者编写的程序，可以轻松地由用户组合，从而实现新颖且出人意料的结果。这并非源于对程序的限制，而是源于程序之间存在的关联。

这种组件在开发完成后进行组合以实现新的结果的情况，体现了网络效应的原理。网络效应之所以令人瞩目，是因为它们能够以线性的投入带来组合价值的爆炸式增长。虽然本书并非主要探讨平台和网络效应，但平台、网络效应与架构之间存在着深刻的联系。

然而，连接组合的魔力也可能会对架构产生负面影响。在 UNIX 模型中，程序可以组合使用，但它们之间并没有内在的依赖关系。当一个系统包含众多相互连接且相互依赖的组件时，这些关系将成为一种阻碍，而非助力。

当关系缺乏治理时，依赖关系的数量往往会不断增长。尽管这些依赖关系可能逐个引入，但由此导致的系统复杂性可能会呈指数级增长，最终可能超出人们的理解能力，更不用说管理了。

如果你曾经参与过一个系统的工作，因为担心其中某些组件会影响其他组件而无法进行修改，那么你遇到的就是组件之间关系过于耦合的系统。这种情况表明，管理组件之间的关系与管理组件本身同样重要。

1.5 系统与环境的关系

系统从来都不是孤立运行的。在某些情况下，系统可能是硬件上运行的唯一软件，此时硬件是系统需要关注的主要环境因素。然而在大多数情况下，系统作为某个更大系统的一部分运行，或者运行于其他系统之上。

例如，考虑一个程序（一个系统）与其所在的操作系统（也是一个系统）之间的关系。操作系统对其承载的程序施加了一种基础性的组织约束的结构。这种组织结构是不可避免的：程序由操作系统启动，并且操作系统会在程序执行期间以及终止时对其进行不同程度的监视和控制。如果程序和操作系统之间缺乏一些基本的协议，那么程序将永远无法运行。

操作系统在定义程序基本组织结构的程度方面存在巨大的差异。以 UNIX 模型为例，其强制的组织结构相当有限。程序的启动是通过调用众所周知的名为“main”的函数并传入一组参数来实现的，因此这些元素是必需的。诚然，典型的 UNIX 程序结构包含许多约定和 API，但其中真正必需的部分很少。因此，UNIX 系统能够成功且轻松地支持使用各种类型、语言和结构编写的程序。

相比之下，iOS 平台则更加规范。iOS 应用程序没有单一的入口点，而是需要响应一整套预定义的函数。这在很大程度上与 iOS 应用程序的生命周期密切相关。在 UNIX 模型中，程序启动后会一直运行，直到完成任务并退出。而在 iOS 上，应用程序的生命周期更加复杂，包括启动、进入前台、进入后台、停止运行以节省资源、因用户交互或通知而重新启动等。

在 UNIX 系统中，开发者可以自由选择是否使用一个 iOS 程序的基本组织结构，因为 UNIX 并不会强制要求特定的组织方式，程序设计者拥有很大的自主权。然而，在 iOS 系统中，应用程序的架构在很大程度上需要围绕 iOS 系统所规定的模型进行组织。应用程序与 iOS 环境之间的这种关系成了决定程序架构的主要因素。

系统与多个环境的关系

约束更多的环境往往不利于代码复用。由于构建复杂的应用程序成本高昂，许多软件开发商都希望能够一次编写系统代码，然后在多个环境中重复使用。从架构师的角度来看，管理系统与环境的关系的问题就变成了管理系统与多个环境的关系的问题。

当在环境中施加不同的——甚至在最坏情况下相互冲突的——基本组织结构时，实现这个目标可能会变得非常困难。目前，有一些标准方法可以解决这个问题：

- 忽略环境因素，以其他方式组织软件。通常，这样开发系统的成本很高，因为需要花费大量的时间和精力来重现原本可以从环境中“免费”获得的行为。此外，这些重现的行为永远无法做到完美，其中的差异在用户眼中就是缺陷。
- 创建一个抽象层，使两个或多个环境能够适配同一个模型。这种策略适用于那些不需要与环境提供的功能进行深度集成的系统，例如，在游戏中效果通常很好。抽象层可以是系统的一部分，也可以是外部化的，并且这些层本身有时也可以作为产品。

- 将系统拆分为两个子系统："环境特定的核心"针对每个目标环境单独编写；"环境无关的边缘"则在所有目标环境之间共享。这种方法看似与抽象层方法类似，但实际上是一种离散策略，因为环境功能没有被抽象。在这种情况下，环境特定层会根据需要尽可能深入（理想情况下，不超过必要的程度），以便与环境无关的逻辑相连接。

与工程领域的其他问题一样，对于管理这些环境关系所面临的挑战，我们并没有一个放之四海而皆准的答案。

1.6　决定设计的原则

在此之前，IEEE 对架构的定义一直侧重于描述系统的当前状态，包括其基本组织结构、组件以及它们之间的关系。而现在则将注意力转移到了组织方式、组件构成以及它们之间关系选择的原因。

设计是一项决策活动，其中每一个选择都会影响系统的形式和功能。原则是指导决策的规则或信念，因此，架构原则就是用来指导系统决策、帮助确定其基本组织结构的规则和信念。

优秀的架构原则应该明确对系统而言最为重要的方面，例如可靠性、安全性、可扩展性等，并以此为导向开展工作。例如，某个原则可以主张一个通知交付系统应该优先考虑速度而非可靠性。相应地，这将支持在设计中采用速度更快但可靠性稍低的消息传递技术。

原则还可以在众多可选方案中指定一种首选方法，从而加快决策过程。例如，某个原则可以声明优先选择水平扩展而非垂直扩展。我们或许倾向于认为软件工程完全是由事实和分析驱动的，也就是说，系统要么满足需求，要么不满足需求。但在通常情况下，很多设计方案可能都满足需求。因此，设计工作还涉及判断，需要我们在一系列可接受的方案中做出抉择。

原则的重要性不仅在于它规定了我们能做什么，还在于它约束了我们不能做什么。例如，在一个由多个服务组成的系统中，一个合理的设计原则是每个服务都应该能够独立部署，且不会停机。一方面，这一原则赋予了架构师在设计单个服务时更大的自由度，允许他们自主决定何时以及如何进行更新部署。另一方面，这也对架构师施加了一定的约束：服务的部署策略不得要求同时更新其他服务，也不允许在更新过程中暂停其他服务。由此可见，该原则在为系统设计提供可能性方案的同时，也关闭了某些选项。

如果缺乏约束，团队可能会在探索潜在设计空间上花费过多的时间，导致决策过程延缓，而最终带来的提升却微乎其微。这是一种典型的收益递减的现象：每个新选项的探索都需要耗费大量时间，但与已经考虑过的方案相比，却并不能带来有意义的收益。因此，限制这种探索的约束条件能够有效节省时间和精力，并最终获得同样理想的结果。当然，要确保这种方法的有效性，受约束的设计空间必须包含可行的解决方案，因此需要对这些原则进行仔细考量。

过于自由的选择往往会导致缺乏一致性，从而破坏系统的基本组织结构。举例来说，假设有三到四个子系统需要在方法 A 和方法 B 之间进行选择。如果这两种方法大致相同，并且没有进一步的指导，系统最终很可能混合使用这两种方法。这种结果会导致整体系统复杂性的增加，而相应的收益却无法弥补其带来的负面影响，因此应予以避免。而引入一个能够引导所有决策都向同一方向发展的原则，则可以加快决策速度，并约束决策结果，从而提高系统的简洁性和一致性。

当我们不刻意设定原则时，原则往往会为我们而设定。这意味着我们最终通常会遵循一些隐含的原则，例如“在当前组织架构内工作”“最小化范围”“最快的上市时间”。然而，这些原则都没有涉及如何开发出更好的产品，并且遵循这些原则也不会产生更好的产品。因此，对于架构师而言，通过有意图的过程来制定原则，并且坚持贯彻这些原则，是最重要且最具影响力的工作之一。

架构与设计

在 IEEE 关于架构的定义中，最能体现架构与设计区别的莫过于“原则决定设计”这一论断。

任何相当复杂的系统都包含成百甚至上千项设计，这些设计通常以层级结构进行组织：系统级的高层设计，子系统级的更为详细的设计等。服务、软件库、接口、类、模式等，每一项都需要设计。

这些设计彼此关联，因为它们描述了必须协同工作的系统元素。在考虑系统的层次结构时，我们通常采用自上而下的设计方法。首先，我们会创建子系统，定义其边界和基本行为。然后，对每个子系统进行进一步的划分。

上述各项（服务等）都需要进行专门的设计，但这些设计并非孤立存在。它们必须与子系统的整体设计相协调，并与其他部分协同工作以实现子系统的功能。此外，各项设计还需要明确自身的内部结构。

当然，这些设计并非一蹴而就。我们以团队的形式开展工作，因此设计工作是平行推进的。随着时间的推移，我们会对设计进行扩展、更新和修改，从而不断产生新的设计，并完善现有设计。除非系统已被弃用，否则设计就是一个持续迭代的过程。

架构致力于对设计进行长期有效的管理。为实现这一目标，架构师不能仅关注设计本身，更需要制定管理原则，确保众多设计在每个时间点及整个生命周期中都能融为一体，形成一个协调的整体。

这并不是说架构师就不应该进行设计。为项目制定原则固然重要，但如果这些原则不能在设计中得到体现，那么制定原则也就失去了意义。而检验原则能否落地的唯一途径就是将其付诸实践。然而，架构师不能将所有时间都投入设计中，否则他们就无法真正地实践架构。

1.7　架构演进

我们所构建的系统并非一成不变。虽然发布节奏有所不同，但任何成功的系统都必须不断发展以保持其生命力。这种发展可以通过小变化的积累、不太频繁的重大变化，或两者的某种组合来实现。但无论如何，发展是必然的。

系统的组织结构、组件构成及它们之间的关系，以及其原则和设计，所有这些我们之前讨论过的内容，都必须不断发展。那么，这种发展是如何发生的呢？

理想情况下，架构演进将由一套经过深思熟虑且符合目的的原则来有意识地控制。

架构原则的作用机制可以理解为两种方式：控制设计和控制设计的演进。也就是说，一套原则，两种操作方法。

例如，我们常常会坚持这样一个原则："服务应该通过定义良好的接口实现松散耦合"。这是任何设计一种云计算环境下的软件的架构师都普遍采用的原则。在实际设计这些服务时，这条原则不仅合理，而且切实可行。

然而，这段描述并未揭示这些服务是如何演进的。在添加功能甚至全新的服务时，我们可以保持这种属性，将其作为服务演进过程中的基本约束，但它并未解决一些关键问题，例如如何修改现有接口，何时为现有服务添加功能，以及何时创建新的服务。

为现有系统添加新功能是系统演进的常见方式之一，但即使是这种看似简单的操作也可能出现问题。举例来说，假设有两个团队需要为各自的服务扩展新功能：其中一个团队可能倾向于创建一项全新的服务，以便将功能细化并分布到更多的小型服务中；另一个团队则可能选择将新功能直接添加到现有服务中。

当出现类似情况时，系统的演进方式正在逐渐破坏其基本的组织结构。问题的关键不在于哪种方法正确或错误。抽象地说，任何一种方法都能对系统功能扩展的需求做出适当的响应。而真正造成损害的是这些不同的响应方式，它们会使系统在非必要的情况下变得更加复杂。指导系统演进的原则应该是预先阐明将要采用的方法，从而避免此类问题的发生。

添加新功能或许是软件架构演进中最容易处理的问题，但当原则自身需要改变时，问题就会变得棘手。例如，早期的原则可能侧重于交付速度，因此倾向于将代码添加到一个单体服务中。但随着项目发展，团队可能需要采用新的原则，例如开发更小、更松散耦合的服务，以便可以独立更新和部署这些服务。

当团队从非明示的设计原则（侧重于最小化变更和快速交付）转变为关注可靠性、可维护性和质量的明确原则时，常常会出现这种问题。在这种情况下，仅将新原则应用于新设计和已更新的设计是不够的。安全性、可扩展性和成本等属性往往受其最薄弱环节（那些未考虑这些问题的组件）的限制。在极端情况下，要实现这些原则，可能需要重新设计每一个现有的设计。

在软件开发过程中，如何将系统从一组原则迁移到另一组原则是最为棘手的问题之一。同时，这也是最常见的问题之一，因为我们在推出第 1 版或第 2 版时所关注的原则往往与我们拥有一个经过验证的成功产品后所关注的原则大相径庭。我们的首要任务很自然地从快速交付转变为打造高质量、可持续的产品。

面对这一挑战，一种解决方案是进行大型的项目“重构”，将系统中的每个元素都进行重建，以适应新的优先级。然而，这种方法并非循序渐进，而是革命性的，因此鲜少成功。因为它要求开发团队同时对旧系统和新系统进行持续投入，再加上同时运行两套系统的开销，最终会导致持续开发的成本增加两倍以上。很少有团队能够负担得起这样的投入。

值得庆幸的是，有效的软件架构实践可以解决这一极具挑战性的难题。一个高效的软件架构团队能够为系统变革规划出一条循序渐进的路径。关键之处在于，要将演进理解为系统的自然状态，而非强加于系统的东西。有效的架构流程能够使“变更”成为内在的、可预测且可控的。最终，掌控系统演进的能力才是架构的本质所在。

1.8　总结

软件系统由组件及其关系所构成。系统的架构是指其组件及其关系的组织形式，以及指导其设计和演进的原则。架构则描述了系统的当前状态和未来状态。

当一个系统缺乏有效的组织治理时，其决策往往会被外部因素左右。这些外部因素通常包括管理上对上级领导的服从、对变更范围的最小化以及对快速交付的孜孜以求。诚然，这些因素都非常重要，但它们也可能不利于创建一个具备清晰的基本组织结构的系统。

通过将架构原则应用于系统的设计和演进过程之中，我们可以更好地管理系统的基本组织结构。当然，这些原则并非要取代其他因素——例如快速交付仍然十分重要——但它们需要成为决策讨论中的一部分。与任何工程学科一样，软件架构也需要在相互竞争的目标之间进行权衡。

软件架构本身就具有演进的特性。开发团队可以利用架构原则来推动系统逐步变革，包括适时采用新的原则，从而使系统能够提供新的功能，并在安全性、可靠性、可维护性等方面得到提升。

说到底，架构在软件开发中的作用，在于从整体出发，以有意识的方式来审视系统。它首先要明确系统的基本组织结构，描述其组件及它们之间的关系，并制定设计原则以实现这种基本组织结构。更重要的是，架构需要确立一组原则，以指导这些设计、组件和关系如何随时间推移而演进。

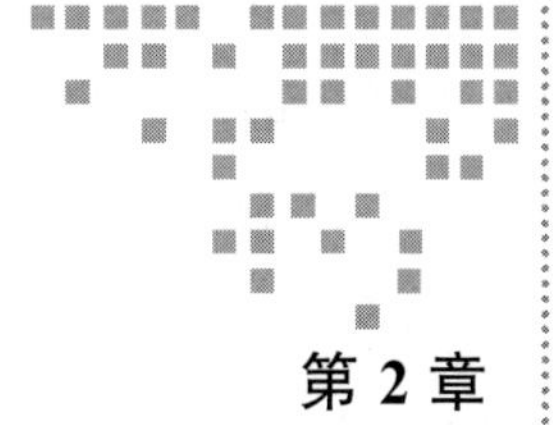

第 2 章　Chapter 2

架构的背景

从本质上讲，架构不属于那种“与世隔绝”的学科。架构团队不能指望将静态的需求作为输入，然后闭门造车数周或数月，产生一个完整的最终架构。

此外，需求从来不能说明一项任务的完整背景。即使是面面俱到的需求文档，也无法涵盖产品相关的方方面面。架构团队应该熟悉产品的当前设计、历史沿革、客户群体、目标市场，以及产品的销售渠道和销售方法。所有这些因素都会对架构设计产生影响。

同样，成功的产品永远不会是百分之百完美的。每一次迭代都是迈向未来某个版本的一步，而这些未来版本可能已经计划好了，也可能只是处于构思阶段，甚至因为太过遥远而无法预见。但无论如何，架构团队的工作是引领一系列设计随着时间推移而不断演进，因此他们必须明确每次迭代的界限。

本章对上述不同方面的思考进行了总结。每节都会提供有助于理解架构背景的见解。

2.1　概念

从本质来看，每个软件系统都实现了一组概念[2]。概念是软件所要表达的逻辑模型，但它不包含实现细节。例如，作为一个概念，邮件涵盖了消息、发送者、接收者和邮箱。邮件概念本身与邮件应用程序使用的协议（例如 POP3 或 IMAP 协议）无关，也与应用程序是在 Web 浏览器中运行还是作为独立应用程序运行无关。事实上，邮件作为一个概念，与软件的具体实现形式毫无关联。早在电子邮件这种实现方式出现之前，人们就已经通过其他方式成功且反复地进行过邮件传递，并且这种传递方式已经存在了相当长的时间。

概念是系统的核心，但许多系统却无法清晰地辨识出它们所蕴含的概念。这导致了参与系统工作的各个角色——如体验设计师、产品经理、工程师、架构师等——对系统概念的理解各不相同。这种差异会滋生混乱、增加复杂性，并最终导致错误的发生。

事实上，没有概念的系统是不存在的，因为人们需要通过概念来理解系统。对系统进行思考的过程，就是构建系统概念心智模型的过程。因此，我们的目标是确保所有参与系统开发和使用的人员对系统概念的数量、行为和含义达成共识。缺乏这种共识，人们对系统的理解将会千差万别。

这并不是说系统中的概念一成不变，更不是说它们从一开始就已明确。确定和定义一套充分且有价值的概念是系统开发过程的重要组成部分。与过程中的其他部分一样，概念的形成最好采用迭代的方式。概念会随着我们对系统理解的深入而不断发展，也会随着系统为满足新需求所展开的演进而变化。

然而，概念在架构设计中扮演着至关重要的角色。当我们设计接口或将职责划分给不同的系统组件时，实际上就是在进行架构决策。架构师和工程师肩负着做出这些决策的责任，并且尽管这些决策需要与团队共享，但并不强制要求让它们与其他学科领域保持一致。

反之，为了确保概念的有效性，所有产品开发的有关学科必须保持一致。概念不仅体现在代码中，还体现在用户体验、产品文档甚至（有时）是营销材料中。这并非意味着架构师不能参与定义这些概念——事实上他们应该参与其中。这就意味着，架构师并不是唯一能够定义概念的人，而概念的定义是架构工作的一部分。

概念是产品差异化的因素之一。虽然更优秀的概念不一定总能胜出，但在某些情况下，它们能够提供无与伦比的优势。例如，不妨思考一下用户界面窗口的概念，即每个应用程序都拥有共享屏幕上的专属区域，以便与用户进行交互。

窗口（window）并非一直都是计算技术中的一部分。然而，作为一个极具吸引力的概念，窗口一经问世便迅速占据主导地位，成为用户界面（UI）设计中不可或缺的一部分。终端作为一种早于窗口十多年出现的技术，最终也被纳入窗口概念中。如今，大多数用户所理解的终端，实际上是呈现于窗口之内的应用程序。

当然，在 macOS 和 Windows 操作系统中，“窗口”的概念也并非完全一致。使用过这两种操作系统的用户都会体会到，处理两个相似但存在差异的概念会带来怎样的困扰。这种相似却不完全一致，正是导致开发能够同时在两种操作系统上优雅运行的软件如此困难的原因之一：它需要的适配工作远比乍看起来复杂得多。

概念是架构团队工作环境的一部分。其中，有些概念存在于相关的系统之中——例如操作系统——在设计中必须予以考虑。而另一些概念则可能潜藏在产品经理和界面设计师的脑海中，需要将它提取出来并理解透彻。最后，随着架构工作的推进，新的概念还会不断涌现。

2.2 可靠性

可靠性（dependability）是一系列相关特性的总称，这些特性有助于我们了解用户是否信赖产品能够按预期运行。这些特性包括可靠性（reliability）、可恢复性（resiliency）、性能以及可扩展性[3]。

不同的产品对可靠性的预期水平各不相同。当然，所有产品都应当是可靠的。但是，移动应用程序可靠性水平的底线通常低于诸如身份识别与访问管理（IAM）系统㊀，因为移动应用程序的故障通常只会对单个用户造成短暂的影响，而身份识别与访问管理系统的故障则可能在数小时内影响成千上万甚至数百万的用户。显然，应对这些差异悬殊的需求，需要采取不同级别的保障措施。

严格来说，可靠性是软件实现的属性，而非架构本身的属性。虽然可靠的架构是实现可靠软件的先决条件，但这并不足以保证软件一定是可靠的。与安全性等类似的质量属性一样，实现可靠性是一个“最薄弱环节”的挑战：从架构、设计到实现的任

㊀ 身份识别与访问管理系统旨在以一致的方式集中管理用户身份（即人员、服务和服务器）、自动执行访问控制，并满足传统和容器化环境中的合规要求。——译者注

何一个环节出现弱点，都会影响整个系统的可靠性。因此，我们不能断言架构能够保证一定程度的可靠性，但可靠的架构却是实现可靠软件的先决条件。

尽管如此，系统架构对系统的可靠性还是有着非常重要的影响。例如，一个明确考虑了冗余和故障转移的架构，相较于其他架构，能够实现更高级别的可靠性的设计方案。虽然系统的实际实现可能会比架构设计所能达到的可靠性水平要低，但要超越架构限制实现更高级别的可靠性则相当困难。

举个有趣的例子，让我们来看看如何让客户端在服务器中断的情况下也能正常运行。这就要求客户端必须能够检测到这些中断，还必须确定何时重试请求以及何时暂停请求，从而避免加剧中断带来的影响。

在简单的客户端架构中，对服务的请求往往分散在代码库的各个角落。一方面，这种做法看似合理：客户端的通信库（例如 HTTP 库）通常是客户端平台的基本功能。允许每个方法都能独立发出请求是最简单直接的做法，且不需要相关团队之间的协调。

另一方面，这种方法会削弱客户端集中掌握特定服务状态的能力。如果没有协调机制，客户端的不同部分可能会同时向服务端发起大量请求以及重试的请求，最终导致相互干扰。为了提高可恢复性，客户端需要一种结构来跟踪对同一服务的所有请求，跟踪这些请求的失败率，并以协调的方式进行暂停和重试。如果缺乏解决此问题的架构，客户端实现就无法提升在这方面的可靠性。

如这个例子所示，系统的可靠性通常需要在架构层面进行调整。如果缺乏架构层面的支持，任何具体的实现方案都很难达到预期的可靠性目标。当然，在架构设计中解决了这些问题，也并不能保证系统一定成功。因为在具体方案的设计过程中，可能并不会利用这些架构上的优势，而架构团队的义务是确保这些方案是可用的。

2.3 具有重要架构意义的需求

更一般地说，可靠性是具有重要架构意义的需求的一个具体方面[4]。具有重要架构意义的需求（architecturally significant requirement）是指任何必须在架构层面解决，而不能留到设计或实现的具体阶段解决的需求。这种有点自相矛盾的定义，在实践中可能难以应用。

大多数的非功能性需求都属于这一类别。非功能性需求是对系统性能和规模的约束，例如常见的最小吞吐量和最大延迟要求。需要指出的是，“非功能性需求”这一标签实际上存在一定程度的误导。因为任何无法满足所谓“非功能性需求”的产品，从定义上来说都是不具有功能性的。因此，本书采用更为通用的说法，即“具有重要架构意义的需求”。

其他需求也可能具有重要的架构意义。识别此类需求的一个有效方法是，逐一评估每个需求，如果需求发生变化，需要进行多大程度的返工。如果答案是“需要进行大量返工”，则该需求就是具有重要架构意义的需求。

许多用户体验的需求在系统架构上并不重要。例如，这类需求可能仅规定生成通知的条件。如果系统架构支持识别这些条件并向用户发送通知，那么更改条件集合，甚至更改通知的显示方式，都只是一种更改，而非架构意义上的重大变化。

其他数据模型的更改可能会产生广泛的影响，尤其是涉及“恰好一个”或“永不改变”的关系的情况。例如，假设系统要求必须为每个用户存储一个地址。架构团队可能认为每个用户只需要一个地址，并以此进行设计。这种设计方式虽然简单直接，但也将此假设深深地嵌入系统中，可能会为未来埋下隐患。

在此类系统中，如果需要为每个用户存储多个地址（例如，一个用于发货，一个用于结算)，则需要进行破坏性的更改。系统需要审核每个“恰好一个”地址的使用场景，以确定该场景下需要使用发货地址还是结算地址。因此，该项要求一旦确认发生，将需要对系统进行大量返工，因此其意义十分重大。

有鉴于此，架构师或许会选择在用户和地址之间保持一对多的关系。每个地址都可以标注其与账户的关系：发货、结算，甚至未来可能出现的其他关系。一方面，这是一种更加复杂的模型，但复杂程度尚在可控范围内；另一方面，这种模型的灵活性将大大提高。采用这种模型，只需对实现进行少量修改，即可满足需求的重大变化。

在考虑地址问题时，明确要求存储地址对我们非常有利。这自然会引发我们的思考：地址是否始终唯一，以及如果地址发生变化，又会发生什么？

识别重要的隐性需求则要困难得多。在这种情况下，架构团队可能需要依靠他们在相关领域的经验来推断需求中的未尽之处。例如，如果没有明确给出延迟的要求，是因为它们不适用吗？还是说存在一些来自类似产品（或者由竞争对手设定）的基线预期，只是没有被明确说明？

为挖掘隐含的具有重要架构意义的需求，架构团队应考虑制定相关指南，例如以清单的形式，供自身和产品经理使用。对于每一组新的需求，团队都应仔细核对一遍清单，确定适用的条目。例如，需求是否涵盖依赖关系？是否涉及法律或者合规性方面的限制？团队是否考虑过哪些需求可能发生变化，以及如何变化？所有这些问题都会引发讨论，进而发现那些隐含的具有重要架构意义的需求。

2.4 产品家族

软件产品很少是独立存在的，大多数都拥有庞大的产品家族。就像是不仅有同胞的兄弟姐妹，还可能有非血缘的兄弟姐妹，以及远近不同的表兄弟姐妹、叔叔阿姨等，不一而足。

这些关系体现在诸多方面。在开始开发新产品时，这几乎总是意味着没有必要——有时甚至没有机会——从零开始。因此，即使是“全新”的产品，也通常会继承先前产品的代码和架构，只不过程度或深或浅。这些传承关系可能是有益的，也可能是有害的，具体取决于如何利用它们。

为了充分利用这些关系，架构团队必须意识到并有意地对其加以管理。这些关系构成了产品开发的环境，而“与环境的关系”正是我们对架构的核心定义之一。

本节余下的部分将介绍一种部分分类法，帮助团队识别关系的性质并提供思考的视角。

2.4.1 一款产品，多平台发布

当今，应用程序跨平台运行已十分普遍。这类平台可能是移动平台（iOS 和 Android）或者桌面平台（macOS 和 Windows）。虽然以 Web 浏览器为目标平台的做法能够在一定程度上解决跨平台的问题，但效果有限。毕竟，不同浏览器之间依然存在行为的差异，而移动平台与桌面平台的行为也仍然各不相同。

类似的考量也适用于服务。尽管有些服务仅在单一的云计算提供商上运行，但更

多的服务选择跨越多个提供商（包括私有云和公有云服务提供商），以扩大服务范围、有效地管理成本等。

当需要在多个平台上运行一个系统时，架构团队必须仔细斟酌跨平台元素与平台特定元素之间的界限。对于此类系统而言，这一决策极有可能成为其架构设计中最为关键的一环。然而，由于不存在单一的最佳方案，因此它也常常成为最具争议的部分。

在这种情况下，架构团队应努力识别产品核心概念的关键逻辑，并尽可能地使其在多个平台上实现共享。通常，此类逻辑较为复杂，因此采用单一的、经过全面测试的实现方式更为有利。此外，从用户角度出发，这种方法要确保应用程序核心功能的行为一致性。

需要再次强调的是，这里没有一个绝对正确的答案。许多架构团队会受到现有代码库的限制，需要充分利用这些代码库，而不是直接替换。此外，即使是从零开始构建，他们也需要考虑现有团队成员的技能组合。通常情况下，此类决策需要与工程团队共同商议决定。

毫无疑问，这些应用程序的其他方面将是平台特定的。在应用程序的用户体验层，使用平台特定技术非常普遍，因为利用平台原生 UI（用户界面）控件的收益往往大于跨平台解决方案的成本。尽管构建跨平台的 UI 库很有诱惑力，但架构团队应该牢记，这些 UI 库几乎不可避免地会在某些方面与原生 UI 行为有所不同，从而让用户感到厌烦和沮丧，破坏用户体验。

这些考量重点强调了应用程序的“核心”部分与因平台而异的“边缘”部分之间的界限。定义该界限并围绕其组织应用程序的元素，自然是架构团队工作的重中之重。

熟悉 MVC（模型 – 视图 – 控制器）[⊖] 架构的读者可能会注意到，MVC 描述的模型、视图和控制器之间的分离，恰好与本书所阐述的核心与边缘的关系完全相同。然而，根据我的经验，MVC 的实现往往无法实现充分的模型分离，以达到清晰简明的目标。尽管如此，MVC 若能被彻底应用，就能为解决此类问题提供一种我们熟悉的方法。

⊖ MVC（模型 – 视图 – 控制器）是软件工程中的一种软件架构模式，把软件系统分为三个基本部分：模型、视图和控制器。MVC 模式最早由 Trygve Reenskaug 在 1978 年提出，是施乐帕罗奥多研究中心在 20 世纪 80 年代为程序语言 Smalltalk 发明的一种软件架构。——译者注

2.4.2 产品线

在上一节，我们讨论了如何在不同的平台上交付一组核心功能的问题。然而，产品有时会被组织成产品线，以同一个主题的不同变体的形式提供。这些产品通常以不同的价位销售，因此简单的版本价格更低，甚至免费，而具有更高级功能的版本的价格则更高一些。

支持产品线的方法主要有两种。一种方法是团队为产品的每个变体提供独立的交付成果。一般来说，这些产品通常包含相同的软件，但更高端、功能更强的版本会包含额外的组件，从而实现更高级的功能。

当独立交付的软件的使用与期望的用户体验相一致时，该方法将会非常有效。举例来说，你可能计划在应用商店中销售应用程序的“标准”和“专业”两个版本。从商店和用户的角度来看，这些版本属于相互独立（或许有点关联）的应用程序。你可以构建和交付这两个不同的版本。此外，由于专业功能不包含在标准版本中，因此可以避免因缺陷或黑客行为导致的未付费用户使用专业版功能的情况。

此外，你还可以创建一个包含多种功能的单一应用程序，并通过许可机制控制高级功能的使用权限。在这种模式下，用户只需下载并安装一个应用程序，即可通过“升级”的方式获取高级功能。应用程序内购买的体验为用户提供了无缝升级的方式，这种方式在移动平台上尤为常见。但这种模式的缺点是同一设备上无法同时存在应用程序的不同版本，用户只能安装其中一个版本。

这两种方法并不相互排斥，最终的方案组合可能取决于市场的接受程度。企业可以尝试不同的方案，观察一段时间，看看是应用商店内的多个软件更易成功，还是支持应用内购买的单个软件更易成功，毕竟最佳方案可能会因交付平台而异。在这种情况下，架构团队应该避免执着于特定的方法，而应使设计具有灵活性。

一种解决该问题的基本架构是将可用功能的知识集中于一个系统元素中。该元素的接口需要明确说明这些信息是动态的，即信息内容会随着应用程序的运行而发生变化。此外，该接口还需要包含状态查询 API 以及通知机制，以便其他元素能够通过该机制监听许可状态的变化。

需要注意的是，这种方法对于应用内购买的状态来说已经足够，并且可以很容易地应用于应用程序打包交付时做出的静态决策。当功能被打包进来或移除时，该接口在某种意义上显得矫枉过正了，因为任何未编译的功能都不会动态可用。然而，系统的其他部分不需要知道这一点，因为接口抽象了实际的动态级别。至关重要的是，它还允许在同一个应用程序中针对不同的功能使用这两种方法。

2.4.3 产品套件

从近亲关系扩展到更远的关系，我们接下来要探讨的是产品套件。同一系列的产品通常以不同的价位解决相同的基本问题，而产品套件则是一组以熟悉的方式解决不同但相关的问题的产品。通过提供产品套件，企业希望客户扩大购买范围——购买整套产品而非单个产品——这在一定程度上要归功于这些相似性。对客户而言，这种方式可以解决两个相关问题，而无须学习两种完全不同的工具。

在设计一款跨平台部署的产品架构时，如前所述，通常只需将产品划分为核心和边缘部分。核心部分可以在所有平台上运行，通常需要借助一些跨平台技术来实现。边缘部分则会根据产品运行时所在的每个平台进行不同程度的定制。

软件套件架构设计引入了一个新的坐标轴，涵盖了与套件本身相关的特性和功能。通常情况下，以下行为在套件中必须保持一致：

- **身份验证与访问控制：** 用户在同一设备上登录软件套件中的一个应用程序后，会期望自动登录该套件中的所有其他应用程序。
- **数据访问：** 与已存储数据的连接以及关于数据访问的体验应该在套件中的所有产品之间共享。
- **用户体验行为：** 用户不希望在不同应用程序之间切换时需要学习新的操作方式，保持一致性是应用程序套件的核心价值。
- **历史记录与推荐功能：** 越来越多的应用程序会记录用户的操作，并以显式（历史记录）和隐式（推荐）两种方式加以利用；这类功能如果可用，则应在整个套件中进行汇总。
- **跨应用程序工作流：** 该套件的价值主张之一在于能够为相关问题提供解决方案，因此套件中的应用程序通常会提供一种从一个应用程序转移到另一个应用程序的方法。

毫无疑问，还有许多其他项目可能会出现在这份清单中。

在之前的多平台产品讨论中，我们强调了区分跨平台的“核心”功能和平台特定的“边缘”功能的必要性。同样的区分也适用于套件功能。因此，多平台套件架构将功能划分为四个部分，而不仅是“边缘”和“核心”两种，如表 2-1 所示。

表 2-1 多平台套件架构扩展了原有的两部分结构（核心与边缘），形成了由四部分构成的架构

	核心与边缘	
套件与产品	套件核心	套件边缘
	产品核心	产品边缘

表 2-1 也过度简化了这种情况。由于核心是单一的，因此每个产品只需相互集成一次，每个平台只需与对应的边缘集成一次。然而，由于边缘是按平台划分的，因此需要管理大量的“核心到边缘”以及“边缘到边缘”的集成工作。对于多平台产品套件来说，这种方法为保持边缘接口的简单性提供了强大的驱动力。

正如以上讨论所指出的，在开发套件产品的过程中，架构团队必须与负责开发套件本身以及套件中其他产品的团队进行协调。这是因为架构团队需要时刻关注系统组件与其环境之间的关系。产品套件恰好就定义了这样一种环境：套件内的各个产品共享。

2.4.4 跨平台的平台

目前为止，我们讨论的产品家族均假设产品将面向多个目标平台进行开发。其中，我们在一定程度上强调了客户端平台，例如 iOS 或 Windows。因为在这些平台上，用户界面的变化和设计考量尤为重要。当然，上述讨论的大部分内容也适用于面向云计算平台的服务。

架构团队在面向多平台开发时，可以选择一种替代方案：采用能够在不同环境中提供一致性的中间平台。多年来，Java、AIR、Unity、Electron 等众多技术都在尝试扮演这一角色，但成功的程度参差不齐。

对于任何特定产品而言，使用中间平台是否是一种合适的策略，这个问题没有简单的答案。任何系统底层平台的稳定性和成功都是至关重要的，而这些平台所提供的保证（或缺乏保证）也存在很大差异。采用中间平台意味着架构团队需要在不同风险之间进行权衡，有些决策最终会带来回报，而有些则不然。

这些问题提醒我们，系统与环境之间的关系是双向的。系统会受到运行环境的影响，尤其会受到环境的限制，这一点很容易理解。大多数架构团队都要了解目标平台的功能和限制。

然而，通过让系统选择与其环境所需的关系，可以使这种关系朝另一个方向发展。如果架构团队不希望针对少数目标平台进行设计，则不应当选择这种环境。相反，团队可以采用跨平台中介和单一环境。反之，如果与单一环境的关系限制过多，团队可以选择直接针对多个平台。同样，成本和风险各不相同，但不同的方法可以共存，因为每种方法对某些系统来说都是更好的选择。

最后，需要强调的是，在选择环境时，并非只能二选一。诚然，对于客户端设备来说，这种二元选择的情况更为常见，因为很少有架构团队会试图为其目标系统中的一部分构建跨平台的中间层。

与之相比，服务呈现出一种更加混合搭配的环境。实际上，一些云计算服务提供商虽然采用了不同的实现方式，但它们为基本功能提供了通用的 API——这创建了事实上的跨平台标准。此外，用户可以选择针对特定功能（例如数据库或机器学习库）的跨平台服务提供商，而无须“全情投入”某一种跨平台解决方案。

总体而言，平台集成的问题——系统与环境之间的关系——通常是架构设计中最复杂的部分。架构团队需要对此进行充分讨论、协调，并达成一致的愿景，才能有效解决这些问题。

2.5　平台建设

有时，我们构建的产品就是平台。平台之所以有别于其他软件产品，就在于它能够吸引两类或更多不同类别的客户群体。例如，操作系统的销售对象是在其设备上运行该系统的最终用户，但同时也需要吸引开发人员，因为他们需要编写在操作系统上运行的应用程序。

这些客户的区别不仅在于角色的不同。操作系统的最终用户包括执行日常任务的“普通”用户，以及负责管理已安装应用程序、安全设置等的管理员。尽管角色不同，但最终决定购买操作系统的客户是管理员和普通用户。操作系统正是向这两类客户进行推广和销售的。

开发人员在软件平台中扮演着至关重要的角色，其作用独一无二。平台作为一种商业模式，其本质就是押注于能否建立起一个由用户和开发人员构成的生态系统。该系统需要具备良性循环的反馈机制，持续推动平台使用率的增长，进而为平台所有者创造收益。对于启动这一过程而言，开发人员的作用不可或缺，其重要程度甚至会促使平台所有者付费激励开发人员以平台为目标来开展工作。

架构与开发人员之间存在密切联系，这意味着相比非平台产品，架构对平台的影响更为显著。归根结底，最终用户关注的是产品能否满足其功能需求，例如帮助他们写书、平衡预算或管理项目进度。诚然，良好的架构有助于任何产品出色地执行这些功能，但架构最终与用户体验并非直接相关。

与之相比，开发人员直接与产品架构进行交互。从某种意义上说，平台本身就是一个未完成的产品：它就像是一组“积木”(构建块)，等待着被搭建成各种不同的形态。至于这些积木的形状是否合适，拼装起来容易还是困难，都是架构团队工作成果的体现，他们需要建立起定义系统的组件和关系。从某种程度上来说，平台就是其架构。

有时，平台的构建从一开始就是显而易见的，例如操作系统天生就是平台。然而，许多产品也会随着时间的推移逐渐演变为平台。以应用程序为例，其雏形可能只是一个简单的文字处理器，之后可能会逐步添加对“宏”的支持，这种小型程序能够以新的方式将构建块连接起来。再后来，随着功能的不断丰富，应用程序最终可能会支持更加复杂的插件，这类插件拥有独立的用户界面、存储空间、通信机制以及计算需求。对于那些追求成功的应用程序来说，平台化的发展道路似乎是不可避免的趋势。

架构团队如果能够认识到，任何产品要么是平台，要么终将成为平台，就能更好地规划产品的发展，并取得成功。秉持这种理念，系统架构（表现为一系列构建块）将成为产品的特性而非实现细节。一旦产品发展成平台，这种投入即可获得丰厚回报。

即使产品本身未来不打算支持插件等功能，这种方法也有助于产品自身的迭代发展。一个好的构建块对其当前关系的依赖程度很低，同时能够轻松地通过新的关联方式与其他组件建立连接。我们在设计系统时，越注重构建块的特性的设计，将来就越容易重组和扩展这些构建块，从而实现产品功能的更新迭代。

2.6　标准规范

标准规定了一种技术的形式和功能，具有足够的抽象性，允许多种实现方式，但又具有足够的具体性，以实现互操作性。

标准在软件中无处不在。从我们编写软件所使用的编程语言，到服务之间进行通信的协议，再到用于保护通信安全的公钥密码体制等，这些标准定义了软件领域的方方面面。

涉及范围广泛的正式标准通常由多个技术供应商在协调组织的框架下合作制定。例如，ISO（国际标准化组织）[⊖] 的成立正是为了实现这一目标。ISO 及其类似组织为制定和发布标准提供了必要的流程、框架和基础设施。

尽管 ISO 等机构制定了正式的标准制定流程，但还有很多标准并非经由这类正规途径产生。许多代码库、产品和组织都存在“内部”标准。这些标准的形成，有时只是因为项目启动之初的做法；有时，只有当新人尝试以不同方式开展工作时，这些标准才会被认可。

例如，许多软件公司都为其使用的某些编程语言制定了标准，这类标准通常被称为“编码标准”。这类标准在 C++ 等编程语言中尤为常见，因为这类语言的语法规则非常复杂，几乎所有开发者都倾向于将其使用限制在一个更简单易懂的子集中。尽管这些限制有时也被称为“准则”甚至“风格指南”，但它们与标准在本质上并无区别。

介于正式标准和内部实践之间的是“事实上的标准”。这类技术应用广泛，有多种实现方式，但缺乏来自标准制定组织的正式支持。然而，缺乏正式支持并不一定阻碍标准的采用，成为事实上的标准往往是走向更正式采用的必经之路。

⊖ ISO（国际标准化组织）成立于 1947 年 2 月 23 日，是制定全世界工商业国际标准的国际标准建立机构。ISO 总部设于瑞士日内瓦，现有 165 个会员国。该组织定义为非政府组织，参加者包括各会员国的国家标准机构和主要公司。——译者注

在某些情况下，使用特定标准可能成为必要条件。例如，如果正在开发的产品需要提供基于 HTTP 协议的 API（应用程序编程接口）来实现某些功能，那么使用 HTTP 作为标准的通信协议就是必然的了。

在其他情况下，根据实际环境可能需要采用某些标准。例如，假设你的产品旨在提供可通过网络访问的服务，此时 HTTP API 并非绝对必要，但 HTTP 在各个方面的普遍性——客户端实现、服务实现以及开发人员的熟悉程度——仍然是值得纳入考量的因素。

当标准与你的架构相一致时，可以利用标准来强化架构并加速开发进程。例如，HTTP 标准预设了一种架构风格，定义了客户端和服务器的行为以及它们之间通过请求和响应进行通信的方式。如果系统架构与这种风格相匹配，那么采用 HTTP 将有助于强化客户端和服务器组件的角色和预期行为，并规范它们之间的通信方式。许多架构师都熟悉 HTTP，他们能够将这些知识和经验运用到系统中。

当然，任何标准都必须适用于当前的问题。HTTP 适用于某些可通过网络访问的服务，但不一定适用于所有网络服务——这也是其他协议存在的原因之一。作为架构团队的一员，当遇到基于标准的"开箱即用"的解决方案时，你应该感到高兴。然而，验证标准的适用性同样重要，包括在现有标准不适用时提出质疑。

分层标准

HTTP 是一种抽象协议，许多产品会以特定的形式使用它。换言之，它们会对 HTTP 的使用方式进行一定的规范和限制，而不是允许任意使用。例如，至少存在两种不同的模式可以使用 HTTP 在服务器上创建资源：向目标资源的 URL 发送 POST 请求，或向新资源容器的 URL 发送 POST 请求。这两种方式并无优劣之分，只是实现相同目标的两种不同方法。

当采用的标准所提供的自由度超出预期时，架构团队可能会希望限制标准中的部分选项。例如，在 HTTP 的示例中，团队可以规定在创建资源时统一使用两种模式中的一种，从而避免系统中同时存在两种方法导致的复杂性。

为解决这一问题，一种策略是在既定的标准之上，进一步制定公司内部的标准。

例如，团队可以为其开发的系统定义一套内部的 HTTP API 标准。比如规定资源一律通过 POST 请求创建到父容器中。该规则完全符合 HTTP 的通用规范，同时更加具体，并且消除了可能出现的不必要的变化。

2.7　总结

架构设计工作是在环境、历史和未明确的假设等多重因素的影响下进行的。作为架构师，如何适应、应对和利用这些环境因素，与设计系统本身同样重要，都是架构设计工作不可或缺的一部分。

架构团队的首要任务是就系统实现的概念、预期可靠性以及其他具有重要架构意义的需求达成一致。若不明确询问，这些因素往往不会予以说明，但若想系统取得成功，就必须予以明确并妥善解决。

产品并非孤立存在的，相关产品会产生更广泛的关联。在设计过程中，需要考虑产品与同一家族（系列）、产品线或套件中其他产品的协调一致性，这通常会对设计空间产生限制。此外，产品的运行平台以及产品本身是否作为平台也是架构设计中需要重点关注的关键因素。

系统需求、所属行业以及架构风格都可能要求或建议采用特定的技术标准。有效的软件架构实践能够理解其运作环境的诸多方面，并利用这些知识为其工作提供依据。

Chapter 3

第 3 章 变更

软件系统始终处在不断变更的环境之中。某些变更因素直观且显而易见，例如修复缺陷、响应客户反馈、添加新功能以及开发新版本等。这些因素都是推动软件产品开发的根本变更力量之一。

其他因素的作用虽然不那么明显，却也不容忽视。系统运行在一个或多个平台、硬件和软件之上。这些平台、硬件和软件也在不断地发生变化。随着它们的发展，它们可能会限制甚至移除系统所依赖的某些功能，迫使系统进行适应性调整。或者，它们可能会提供新的或扩展的功能，系统可以利用这些新功能改进自身。如果竞争产品采用了这些新功能，你可能会面临使用这些新功能的压力。

然而，更大的软件技术生态系统可能会引发更多的变更。新的平台、技术和标准不断涌现，经历着从流行到落伍，最终被淘汰的过程。这些变更不仅影响着客户和用户的期望，也影响着我们自身的想法，比如想要构建哪种类型的系统、想要使用哪种技术等。事实上，软件行业充斥着更多的时尚潮流。

如果没有变更，软件开发流程可以简化为设计、发布和迎接新挑战。然而，现实情况并非如此。如今，软件开发不再是交付独立的产品，而是管理正在运行的系统的持续变更，这些系统通常涵盖数百万客户端和数千台服务器。每一次变更都会涉及一部分组件的修改，而这些修改必须与其他组件以及组件自身的当前版本和旧版本保持兼容。此外，变更通常是并行发生的，持续变更已成为软件开发的常态。

软件开发之所以需要软件架构，正是因为变更是永恒的。正是这种持续变更的状态，促使我们超越设计，寻求那种随时间推移而不断演进的设计方案。如第 1 章所述，系统的架构是一个随着时间迭代而用于创建设计的模板。每一次迭代都与之前的设计有所区别，但同时也与其相关联并受其约束。换言之，每个架构都描述了一组与之相符的可用的设计方案。

正如本章讨论所指出的，变更已经成为软件开发的核心，而理解和管理变更则是有效软件架构实践的标志。本章将对变更进行深入的探讨和分类，并研究驱动和约束变更的各种因素。这些讨论将为本书其余部分阐述的流程、实践和其他方面的变更管理奠定基础。

3.1　变更的阶段

一个有效的变更模型包含三个阶段：

- **动机**：我们为什么要做出变更？可能是为了解决某个特定问题、满足某种需求、应用新技术等。变更的动机促使我们行动起来。
- **概念**：我们认为应该变更什么？在概念阶段，我们是用新技术替代旧技术，优化代码或配置，还是应用新的算法？这些都需要在这个阶段进行思考和决策。
- **细节**：我们将如何做出变更？在此阶段，我们需要制定详细的计划，包括如何从旧的状态平滑过渡到新的状态。这可能像部署代码一样简单，也可能像将数据迁移到新数据库一样复杂。

如图 3-1 所示，变更通常始于动机，进而形成概念性的方法，最终落实到具体的实施细节。随着变更经历这三个阶段，我们也将逐步取得进展。

当然，现实情况往往更加复杂。讨论常常从概念切入，即首先声明需要变更什么。然而，如果缺乏对动机的理解，就难以评估概念变化的合理性。因此，随着理解的逐步深入，这种讨论可能会呈现“回溯”现象。

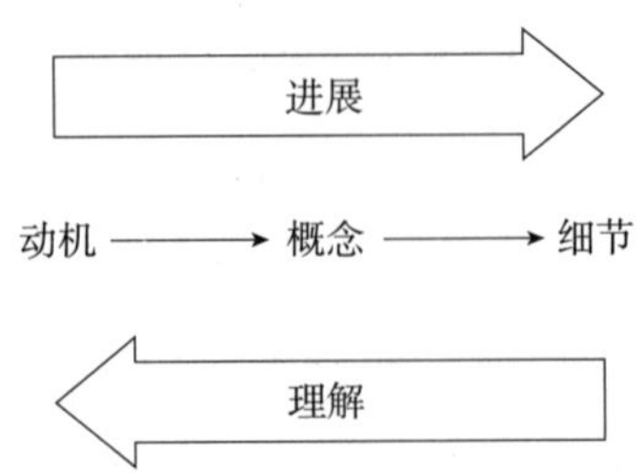

图 3-1　变更的阶段。每个变更都需要经历一系列阶段，但并非所有变更都要从第一个阶段开始，有时甚至会出现回溯

在变更的细节阶段，可能会出现与概念阶段类似的结果。在这一阶段，对变更内容的深入理解可能会促使团队重新评估最初的概念方案。因此，尽管变更最终会经历这三个阶段，但这并不意味着变更过程是线性的。事实上，团队应该勇于承认并接受更深入的理解，即使这意味着需要返回到之前的阶段。这种灵活性对于避免沉没成本的谬误导致的不良变更至关重要。

3.2　变更的类型

我们从一开始就对系统的架构和设计进行了区分。系统的架构是其"基本组织结构"，而系统的设计则描述了某个时间点的组织结构。系统架构描述的是随着时间推移而发生的演进，而系统的设计则捕捉了某个特定时刻的状态。换句话说，架构是设计在时间维度上的展现。

每个设计都描述了一组可能的实现。因此，我们可以在不进行架构工作的情况下对系统进行变更，也就是说，无须引入新的设计。而一些变更在当前设计中就可以实现。

反之，变更也可能是提出与系统架构不符的新设计。在这种情况下，架构本身需要演进，从而改变可用的设计集合。因此，架构、设计和实现之间的区别虽然重要，但界限往往比较模糊。

有时，是否需要调整架构以适应需求是一个需要做出的抉择。正如第 2 章所述，"具有重要架构意义的需求"，是指那些一经提出就必须在架构层面予以解决的需求。这类需求如果在当前架构中无法得到满足，那么必然会导致架构的变更。这是一个非常实用的标签，但只有在我们充分理解了需求的影响之后，才能准确判断它是否属于此类需求。

由于存在这些权衡，我们往往在变更进行到一定阶段时才能确定是否需要调整架构。为避免陷入这种困境，我们应专注于管理变更本身，暂时不必纠结架构与设计的界限。因此，后文介绍的实践侧重于变更的范围而非变更的类型。换言之，这些实践旨在描述如何管理架构变更，但同样适用于设计变更。变更越重大，就越需要遵循严格的流程，架构团队也更应恪守这些实践。对于规模较小的变更，无论是架构方面还是设计方面，都可以相应地减少工作量。

3.3　产品驱动型变更

不断变化的产品需求是导致软件系统发生变化的两大主要因素之一。然而，产品的演进方式和原因各不相同。对于一款仍在努力寻找市场契合度的新产品，产品管理团队可能需要探索其概念的变化；对于一款较为成熟的产品，它的支持团队可能更侧重于进行一些细微的、渐进式的改进。为了应对这些压力，架构师需要了解的不仅是下一个新的需求，还需要制定产品功能随时间推移的发展轨迹。

功能的发展轨迹描述了我们对产品需求如何随时间推移而演进的预期。如图 3-2 所示，我们可以将这种轨迹视为在二维平面上绘制的曲线。其中一个维度代表预期的变更速率，范围从零（表示功能已“完成”）到任意大的值（表示功能正在接受大量投入）。另一个维度代表不确定性或变更范围。在这个维度上，零表示我们对功能将如何演进有着清晰的理解。随着向量在此维度上的增长，功能演进的不确定性也随之增加。

如果一项功能的发展轨迹呈现出变更速率大和高度不确定性，则意味着该功能未来将会产生大量新的需求，但目前我们尚无法明确这些需求的具体内容。由于发展轨迹与架构工作直接相关，建议你与产品管理团队进行深入讨论，以明确未来需求。

回顾一下设计与架构的区别：设计指的是某个时间点的状态，而架构则是系统随着时间推移所形成的基本组织结构。这两种概念的区别与需求和轨迹之间的差异非常相似。系统的当前设计必须满足当前的需求。与此相反，系统的架构则致力于解决和预测这些功能的发展轨迹。如果无法预见未来的需求变化，就无法构建出一个能够支持这些变化的架构。

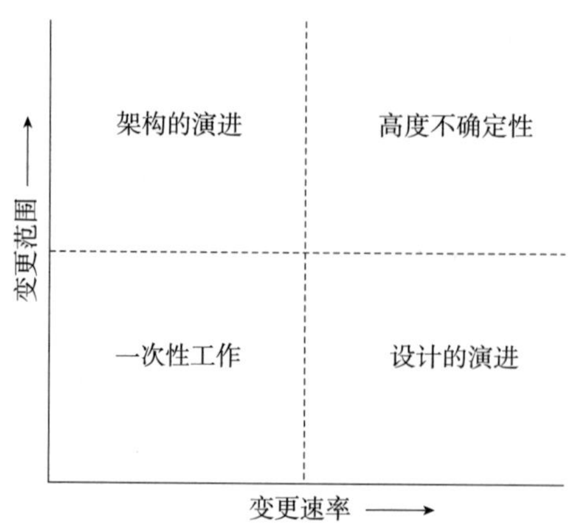

图 3-2 功能的演进可以根据其预期变更范围（纵轴）及其变更速率（横轴）进行分类。各象限标签分别表明团队在产品演进过程中如何应对这些影响产品演进的因素

例如，假设你正在设计应用程序的“保存为 PDF”这项功能。你的产品管理团队提供的当前需求中，不包括加密、表单字段或类似功能，并且你已确认，在未来版本中也不需要添加这些功能。换句话说，这项功能的开发属于“一次性工作”(见图 3-2 左下方)。在此次迭代之后，将不会对该功能进行进一步开发。

有了这些信息，你可以着手进行简单明了的设计。团队的目标很明确，即快速完成该功能的开发并转向其他任务。因此，任何为将来在此基础上添加新功能而进行的投入都是过度投资，并且无法实现项目资源的最佳利用。

反之，假设你发现该功能的发展轨迹在图 3-2 中处于右上角，即两个维度都处于高位。此时，你面临的情况与之前的状况截然相反：当前的设计方案仅是该领域众多方案中的一个开端。由于处于“高度不确定性”象限，因此你知道未来将会出现新的需求，但无法确定这些需求具体会是什么。

在这里，我们再次看到了架构的关键所在。我们所面临的挑战不仅在于设计一项功能，更在于构建一套架构，使其能够支持该功能随着时间的推移不断迭代演进。换言之，我们需要定义的不仅是实现该功能的组件及其关系，还应包括一套原则，用于管理随着功能演进而不断变化的组件和组件的关系。这正是软件架构的核心挑战。

3.4 技术驱动型变更

所有的软件系统都蕴含在某种特定的技术环境中，而技术环境的变更是软件系统演进的另一个主要驱动力。例如，实时控制系统可能需要适应更新、更好、更多类型的传感器；基于云的系统则可能需要利用性能更佳、成本更低的全新服务。此外，编程语言、设计模式和架构风格也在随着工程师和架构师对系统构建理念的不断发展而演变。

产品驱动和技术驱动可能是相辅相成的。例如，机器学习从技术层面拓展了产品的可能性，进而改变了用户对产品功能的预期。因此，在许多系统中，机器学习技术的采用是由新需求和新技术选择共同推动的结果。

而在其他时候，产品驱动和技术驱动也可能相互对立。例如，NoSQL[⊖] 数据库的出现是一项重大的技术进步。然而，除非你的产品本身就是数据库，否则采用新的数据库技术未必是对产品演进的直接且有益的回应。相反，如果你的系统已经在使用 SQL 数据库，那么转换数据库可能会得不偿失，不仅会消耗开发资源，还无法带来新的或更好的功能。

与产品演进类似，架构师也需要深入理解技术变更的轨迹。如果技术驱动的变更轨迹与能力提升的轨迹不一致，那么架构师就应该冷静地对它进行谨慎评估。当然，我们也要认识到，要抛开新技术的炒作往往并非易事——技术令人兴奋，毕竟许多人最初进入软件领域就是被这种新颖且激动人心的技术所吸引。尽管如此，我们仍然可以轻易地列举出技术驱动型变更所带来的诸多不良后果：

- 新技术也可能失败。它们可能名不副实，无法带来超越以往技术的进步，甚至可能带来更糟糕的结果。
- 新技术带来的改进可能比较有限，这使得它们更适合应用于新的项目。然而，对于现有系统，我们需要在分析中充分评估转换成本。如果收益不够显著，大多数新技术都难以通过严格的成本效益分析。

⊖ NoSQL 是对不同于传统的关系数据库的数据库管理系统的统称。允许部分数据使用 SQL 系统存储，其他数据使用 NoSQL 系统存储。它的数据存储可以不需要固定的表格模式以及元数据，也经常会避免使用 SQL 的 JOIN 操作，一般有水平可扩展的特性。——译者注与之相反，某些技术驱动型变更即使与产品驱动型变更的方向不一致，也值得投入资源：

- 新技术或许能在效率、性能、开发速度等关键指标方面带来显著的提升。
- 使用新技术对于招募和留住系统开发人员至关重要，尤其是在旧的技术逐渐过时、经验丰富的开发人员日益减少的情况下。

大多数系统依赖于众多底层技术。然而，识别每一项技术的变更轨迹既不现实，也无必要，更不必说在工作中适应如此繁多的变更。实际上，关注以下两个方面会有所帮助：

- 行业内正在快速发展的技术。对于此类技术，你可能需要适应其变化以利用新功能或保持竞争力。
- 关注那些目前无法满足需求的技术，以便在新技术出现时可以更好地做出选择。例如，如果你的系统使用 SQL 数据库，但它与你的数据模型不太匹配，你可能会将此视为需要关注的领域。随着 NoSQL 技术的出现，当初的关注便会带来回报。

技术变更并非都能够预见，新兴技术也未必总能如预期那样取得成功。因此，当存在疑问时，最稳妥的做法是尽可能保持系统的简洁性。

3.5 简洁性

系统越简洁，对变更的适应能力就越强。因此，架构团队必须始终致力于简化系统。根据我的经验，没有什么比系统架构、设计和实现的简洁性更能延长系统的使用寿命了。

简洁并不意味着弱小。相反，简洁的架构非常强大。它们能够以最小的机制实现强大的功能。之所以简洁而强大，是因为它们包含少量但通用的强大抽象。这类系统可能包含很多组件，但这些组件以及它们之间的关系只属于少数几个类别。

与简洁性相对的是复杂性。复杂性可以通过多种方式来衡量，但其本质在于，当一个系统包含众多特定的组件以及组件之间特定的关系时，复杂性就会显现。复杂系统难以被系统性地描述，因为它们缺乏一个基本的组织结构，仅是众多组件和关系的杂糅堆砌。

当你发现自己专注于思考特定组件和关系而非整体的模式时，这往往意味着你正在与复杂系统打交道。简单系统通常受清晰的模式支配，例如“A类组件通过B类关系连接”。但在复杂系统中，即使存在类似的模式，也会由于无穷无尽的例外情况而难以被明确定义。

如果不加以控制，复杂性就会像病毒一样侵入并最终压垮任何一个系统。即使系统最初的设计架构简洁优雅，但缺乏严格的管理和约束，也难以避免复杂性的滋生。各种例外情况和特殊处理会不断出现，或许是出于权宜之计，或许是由于认知不足，其结果都是导致系统复杂性不断累积。缺乏维护，熵增[⊖]就会持续，任何一个不追求简洁性的系统，最终都会在自身复杂性的重压下走向消亡。

复杂性会降低系统的质量。当系统仅是各种零件的堆砌时，这些零件很容易以非预期的方式进行组合，从而导致系统无法正常工作。此外，由于缺乏结构化的设计，系统评估也难以进行，测试工作难以展开。最终，验证系统功能是否有效的唯一方法是对它进行全面的、覆盖各种情况的测试。然而，很少有团队能够承担这种测试方法带来的巨大成本，尤其是对于规模较大的系统。

复杂性还会降低开发速度，即新工作的产出速度。当我们对系统进行变更时，必须能够准确且快速地推断出该变更带来的影响。在一个只受少量模式控制的简单系统中，这些目标很容易实现。但在复杂系统中，推断变更的影响至少需要评估它对每个现有组件和关系产生的影响。与质量测试带来的负担一样，大多数团队难以承受这种工作的成本。因此，变更的发生可能会非常缓慢，甚至停滞不前，而且变更一旦发生，往往会对系统造成破坏。

复杂性不断增加的另一个明显迹象是，设计变更的依据是脆弱的不变性因素。例如，假设你正在为服务添加缓存。你知道，目前只有你的客户端会对实体A的实例（存储在不同的服务中）进行更改，因此你可以实现直写式的缓存。尽管系统的组织结构并不能阻止其他客户端直接更新实体A，但这种情况目前还没有发生。这种不变性

⊖ 熵增是指在一个孤立系统里，如果没有外力做功，它的总混乱度（熵）会不断增大。这个概念源自热力学第二定律。——译者注

其实是十分脆弱的。因为迟早会有其他客户端在未参考缓存的情况下对实体 A 进行读写操作，从而违反这种脆弱的不变性，最终导致系统崩溃。

最糟糕的是，复杂性会产生更多的复杂性。正如“脆弱的不变性”的例子所示，一旦系统的基本组织结构出现问题，任何新的修复或功能的添加，本质上都会引入随机的变更。每一个新的修复或功能都必须单独评估，才能确定它与先前变更之间的影响。在最简单的情况下，它可能只是一个全新且独立的组件；在最糟糕的情况下，一个变更可能会引入一整套全新的关系，并影响到整个平台。如果不加以控制，复杂性就会持续增长，区别只在于增长速度的快慢。

有时，复杂性是以“面向未来”的名义引入系统的，基本思路是通过预测和规划这些变更降低未来工作的成本。然而，做出准确的预测并非易事，尤其是对未来的预测。如果预测错误，而且预测的变更从未发生，系统就会承担不必要的额外复杂性，却得不到任何回报。更糟糕的是，当前的工作还有可能阻碍未来版本中真正需要的变更。根据我的经验，一个系统想要为未知的未来做好最佳准备，最好的方法始终是追求简洁性，从而使未来所有可能的工作都变得更加轻松。

实现并保持简洁性需要团队持续的关注。这需要构建一个基于设定强大约束的原则的组织完备的系统，并以该系统的基本组织结构为基础评估每一项变更。符合或基于这些基本原则的变更就能够维持系统的简洁性；依赖于脆弱的不变性的变更（目前成立但并非系统根本的断言）则应被拒绝。

当然，这并不意味着系统的基本组织结构不能演进，事实恰恰相反，它必须不断进化。某种意义上，系统之所以能够保持简洁性，是因为它坚持变更是根本性的，而非脆弱的（流于表面）。此类彻底的变更能够使整个系统维持在一个稳固的基础之上。

化繁为简绝非易事。作为工程师，面对新的挑战或新的需求，我们往往倾向于创造新的东西。然而，简洁性意味着我们需要从整个系统的角度出发，寻找应对这些挑战的方法。

有时，更简单的解决方案或许更为省事。这是因为现有的组件或关系可以被重复利用，或者通过适度的泛化来调整以实现新的功能。例如，实体 A 的缓存，若设计为只读并且有适当的新鲜度检查，便不会被新的客户端破坏。相较于开发全新的组件，这种方法可能需要更多时间进行观察和评估。但这种方法的优势在于，可以在不增加整个系统复杂性的情况下引入新的行为。

在其他情况下，实现简洁性需要付出更多的努力。例如，在每次读取数据时检查实体 A 的缓存新鲜度可能效率低下。为此，我们需要构建一种机制，通过在实体更新时分发事件来更新缓存。尽管构建这样的通知机制需要投入大量精力，但它可以提供一种全新的适用于所有实体和客户端的通用缓存机制。与一次性解决方案不同，这种通用解决方案能够有效维护系统的整体简洁性。至于是否值得付出这些努力，则需要根据具体情况、预期变更轨迹等因素综合考虑。

尽管架构团队已经付出了最大的努力，但大多数系统仍然会随着时间的推移而变得日益复杂。因此，架构团队在简洁性方面负有最后的责任，那就是持续推动系统的简化。实现这一目标的最佳途径通常是识别系统中潜在的模式。一旦识别出这些模式，就可以构建更通用的功能，并将现有的特殊一次性实现迁移到新的功能上，然后逐步淘汰旧的实现。最终，系统将获得全新的基础功能，同时摆脱由特殊情况带来的困扰。当然，如果能够识别出系统中多余的部分并直接移除，那将再好不过了。

实现并保持架构的简洁性需要持续的努力。架构团队需要时刻警惕复杂性的潜滋暗长，并积极寻找简化的机会。为此，团队必须愿意投入时间和精力。无论是在短期还是长期来看，这些投入都是值得的，因为简洁的架构能够带来诸多的益处。

3.6　投资思维

人人都喜欢简单的二分法。软件项目也常被认为有两种极端的方式：要么是短期的战术性方法，要么是为应对所有可能发生的情况而进行的长期构建。然而，在工程领域，极端情况应当避免，架构团队应该秉持投资的心态对待每一次变更，努力找到务实的中间点。

纯粹战术性方法的动机与最后期限息息相关，这往往成为导致快速且粗糙的变更的唯一理由。试问，如果一个设计方案除了能够比其他方案更快完成之外毫无可取之处，那么它是否已经陷入了战术上的死胡同？答案是肯定的。

短期方法的问题在于，“短期”仅体现在前期工作量上。解决方案的其他所有环节，包括测试、修复、维护以及与之长期共存，都与项目中做出的其他任何决策一样，是长期的。甚至可以说，“短期方法”这个标签本身就是一个谎言：它们并非真正意义上的短期方法，而是在透支项目的未来。

短期方法会引发大量的长期问题，且这些问题并不仅仅局限于架构方面，但主要与架构相关。任何人都不能为损害产品完整性的变更做辩护。所有参与者都应该期盼产品能够长期取得成功，并且应该具备长远的眼光，至少要拥有“超越下一个截止日期”的视野。

尽管软件开发的许多角色往往更注重短期效益，但涉及架构设计时却不能如此短视。架构不仅关乎系统组件及其关系，更关乎这些组件和关系如何随时间而演进。一个忽略演进的架构团队，根本称不上是在进行架构实践。

在架构设计中，任何变更都离不开时间的影响。理想情况下，变更应当改善系统的架构。例如，通过移除两个组件之间不必要的依赖关系来简化系统。这样的变更无疑是有益的。无论变更是否解决了下一个版本中的紧急问题，架构团队都应给予支持。

在任何结构合理的系统中，大多数变更都将在现有架构内发生。也就是说，这些变更不会让事情变得更糟（即通过增加更多组件或关系来引入更多复杂性）或变得更好（即通过简化）。实际上，它们会在现有组件和关系的范围以及行为规范内，根据系统当前的原则，添加或发展功能。

架构团队也应当支持这些变更。事实上，任何在当前架构范围内的变更，默认情况下都应该被认为是合理的，而反对的责任必须由团队承担。如果有人提出反对意见，不应针对当前的具体变更，而应指出当前架构中需要更广泛地解决的缺陷。

真正棘手的变更，是那些隐藏在“短期”标签下，但会降低系统架构质量的变更。事实上，对于架构而言，“短期变更”只是一种虚幻的存在。因为每个新增的组件和关系都会一直存在于系统之中，直到后续变更将其移除。

事实上，这类变更通常不会在后期得到修正。一旦项目被短期变更驱动，它就会倾向于维持这种状态，甚至变本加厉。因为不断累积的依赖关系只会增加修订的难度，导致工期压力倍增，进而催生更多“短期”解决方案，如此恶性循环。讽刺的是，这些短期解决方案最终会产生长期的影响，将项目推向失败的深渊。

因此，架构团队的部分工作是识别出那些看似短期，但实际上并非如此的变更。一种有效的识别方法是从架构的角度重新制定这些短期修复方案。例如，在组件A中添加一个对组件B的调用，这看起来是一个微小的变更。然而，架构团队可以观察到，在此变更之前，组件A从未与组件B进行过任何交互。

新的关系会带来哪些影响？一般来说，每个新关系都会增加测试成本，因为它会产生需要测试的新状态。此外，由于耦合度增加，新关系会导致维护成本增加、开发速度降低。不仅如此，新关系还可能降低可靠性：A之前独立于B运行，而现在则不是。B是否足够可靠，以满足A已建立的可靠性保证？即使答案也是肯定的，但至少需要提出问题并进行评估。

让我们使用以下问题，将讨论的范围重新聚焦于选项和权衡，而不是从人的视角出发。应避免将讨论框架设定为架构与工程、架构与产品管理或架构与任何个人之间的对立。当选项与个人和角色直接相关时，决策者将陷入困境：他们需要在团队成员中选出“赢家”和“输家”，而实际上团队成员应该通力合作。更合理的做法是，假设每个人都致力于为产品做出最佳选择，并根据选项本身的优缺点进行讨论。

一旦从选项中确定了方案，请团队成员以投资思维去审视每一个提议的变更。每个变更都是一项投资，而问题的关键在于判断它是优质投资还是劣质投资。优质投资能够带来丰厚的回报，而劣质投资则会让我们在未来付出代价。

我们可以从多个维度衡量回报。根据产品和具体情况，我们的投资可能会侧重于性能、运营成本、可靠性、质量或其他属性。架构的作用是将变更置于特定情境中，并利用这种理解来帮助评估这些维度上的预期回报。任何变更都会持续存在于系统中，直到被其他变更移除。

权威与责任

在很多情况下，原本应该就变更方案的优劣进行讨论，却最终演变成了对权威的质疑。这种情况实在太常见了。在职业生涯的早期，我曾亲历过两次类似的事件。当时，架构师在讨论中感到沮丧，他们会挥舞着双手，大喊：“我不知道你为什么不听我的，我是架构师！”然后，其中一位架构师怒气冲冲地离开了会议室。这些都是十分糟糕的案例！

这些人混淆了权威与责任。他们坚信自己的方法是“正确”的，不愿将时间浪费在探讨其他方案上。在他们的认知中，架构师的角色赋予了他们决策的权威，而他们也决心行使这种权威。显然，他们的同事并不认同这种观点。

架构师应该更加重视自身的责任。他们在软件开发中确实扮演着至关重要的角色，其工作重点在于对系统进行长期管理。因此，架构师能够很好地评估和理解任何提议的变更可能带来的短期和长期影响。对于任何一项变更，架构师可能都是团队中唯一能够洞悉其全面技术影响的人。

如果这些人能够承担起自己的责任，他们就会以不同的方式参与这些讨论。他们会明白，与其固执己见，不如坦诚地贡献自己的想法。如果他们追求的是更好的结果，而不是“赢得”辩论，他们就会对不同的问题和见解持开放态度，从而帮助所有人找到最佳的解决方案。

软件开发是一项团队工作，每位成员都肩负着不可推卸的责任，共同致力于项目的成功。如果你渴望成为架构师仅是因为你认为这个角色象征着权威，那么你最终可能会感到失望。

3.7 增量交付

保持积极的投资心态至关重要。如果每个提议的变更都需要耗费五年时间来“重新架构”产品的某些部分，那么保持投资心态就会变得十分困难。诚然，大型的变更有时必不可少，但在一个健康的系统中，这种情况应该鲜少出现。大多数情况下，变更应该更精细化、更具战术性，并且能够快速执行。总而言之，循序渐进地实施变更才是最佳的策略。

重大变更必须产生超额的回报，才能被视为一项成功的投资。然而，变更规模越大，我们越倾向于低估其成本，高估其收益，最终导致评估结果失衡。

如果你曾参与过大型软件产品的开发，那么你很有可能经历过这样的对话。对话通常始于一个小的变更建议，但随着设计的进行，所需的变更会像滚雪球一样越来越多，最终导致拟议的投入迅速增加。这时，往往有人会说，系统的这部分简直一团糟，我们应该趁此机会彻底重构它。

在此阶段，工作范围往往会进一步扩大。最初你可能只是着手重构组件 A，但随着工作推进，你会发现它与组件 B 存在交互。这为你提供了一个重新设计 B 接口的契机，而这也是你一直以来希望改进的部分。当然，这些变更将不可避免地影响到组件 B，进而波及组件 C 和 D。既然如此，我们是否应该抓住机会，将这些问题一并解决呢？

我十分欣赏这类思想实验。首先，这类实验体现了对系统保持准确和最新描述的价值。如果你了解更改 B 会对 C 和 D 造成影响，那么与你在变更过程中才发现此问题相比，你的处境将会好得多。因为到那时你已无法回头，各个部分也无法顺利整合。而这正是完善维护文档的价值所在，我们会在后续的章节中对此进行详细阐述。

不过，这类实验更擅于激发新的思路。其中一些想法可能很棒，有助于改进系统，而另一些则可能不太理想，需要舍弃。这完全正常，因为提出一系列方案并从中做出选择，总比毫无头绪、停滞不前要好得多。（我们将在第 4 章详细讨论制定方案的价值。）

在项目发展到这一步时，一些项目管理团队选择孤注一掷。诚然，变更范围在不断扩大，我们甚至还没能完全掌握其边界。但新的任务实在令人兴奋，这些变更似乎是必要的，而且——有一点一厢情愿——我们可以相信一切都会顺利进行。然而，现实情况却是，到目前为止什么都没有实现，也没有任何完整的变更被交付。这种做法很少成功，它恰恰是不成熟团队的典型特征。

其他项目管理团队在意识到更大范围的变更后，可能会选择退缩。在最坏的情况下，他们会采取一些“短期”方案来绕过当前问题，但会给产品增加一定的净成本。这样的变更也是不明智的投资：它们不仅无助于推动更大范围变更的进展，反而可能使这些变更愈加难以实现。

项目团队如果能够学会平衡短期目标与长远目标之间的关系，就可以避免在两种极端情况之间摇摆不定。这与制定个人目标类似，项目团队需要区分最终目标以及实现目标过程中可能采取的行动步骤。例如，你或许希望未来能够经营一家《财富》世界 500 强公司，但你不会在大学毕业后立即申请一个 CEO 的职位。

为了找到这种平衡，架构团队应该将他们的思考归纳为以下三类：

- **长期愿景**。这个目标无须详细描述，并且可能也不应该进行详细描述。它需要做的是捕捉系统预期的基本组织结构以及支持该组织结构的论据，并将其与系统的当前状态区分开来（更多内容参见第 4 章）。
- **一组潜在的变更，用于实现从当前状态到目标状态的转换**。之所以说这些变更是“潜在的”，是因为它们最终不一定被实施。建立此待办事项列表的目的是，在不承诺具体计划的情况下，捕捉构思目标状态时所产生的想法（更多内容参见第 7 章）。
- **当前工作**。这些是目前正在进行的变更。这些变更应该推动项目朝着既定愿景的方向发展，否则，它们可能不值得投资。但这些变更并非实现该愿景所需的全部工作，毕竟所有的事情都不可能一蹴而就。

有时，当前的工作量会增加，这就引发了“我们是否应该趁此机会重新架构”的讨论。假设团队拥有一个共同的愿景来引导讨论，那么团队可以进行辩论，并将讨论结果分类到待办事项（稍后重新审视的项目）和当前工作（现在要完成的较小项目列表）中。

这看起来很棘手，需要记录并保持细致分类。但根据我的经验，这种方法能将我们解放出来。我们无须再承受立即完成所有变更的压力，因为所有变更都可以记录在案，留待日后考虑。同时，由于当前工作和长期目标分别管理，我们也不会为了眼前的工作而放弃长远规划。

许多项目都力图在一段时间内做出巨大的改变。为达成此目标，最佳途径是在保持愿景一致的前提下，持续不断地进行渐进式的变更。

3.8 架构演进

有时，产品会经历彻底的转型。这类变更往往由技术和市场的变化所驱动。换言之，它们既是产品驱动型变更，也是技术驱动型变更。例如，iPhone 和移动计算的推出不仅催生了全新的产品，也促使许多现有产品进行转型，以便与这些新设备协同工作并充分利用其优势。

这种规模的变更通常需要对产品架构进行相应的重大改变。例如，移动计算的出现并非仅促使现有产品全面迁移到新设备上。许多此类产品被重新构想，设计为能够同时在桌面和移动设备上运行，这就在平台、数据、连接性等方面带来了一系列全新的挑战。

正如前文所述，架构团队应该努力逐步实现长期愿景，并对“重新架构”保持谨慎态度。然而，当架构愿景发生变化时，我们又该如何应对？

首先，我们需要明确一点：系统架构愿景应该保持相对稳定，频繁变动实属罕见。如果一个系统的架构愿景每六个月就会发生变化，那么必然是哪里出了问题。目标的频繁变动会导致我们即使步步为营，最终也如同随机游走，迷失方向。无论我们在其他方面多么尽心尽力，最终都将不可避免地造就一个混乱无序的系统。

架构团队同样应当警惕技术领域不断演进导致的变化，尤其是在缺乏相应市场影响的情况下。移动计算的出现并非仅是技术的进步，它同时也直接影响了用户，创造了新的市场。因此，对移动计算做出架构上的响应是必要的，并且最终为客户带来了新的价值。

相比之下，一些技术的发展对客户和市场的影响较为有限。例如，微服务、NoSQL 数据库和区块链技术虽然新颖且备受关注，但对于许多产品而言，它们并不能直接转化为新的客户价值。如果一项新技术无法为客户带来新的价值，那么花费时间和精力改造架构以适应它就显得得不偿失。

如果技术适用但应用时间较晚，情况会变得更加棘手。例如，NoSQL 数据库可能非常适合你的系统，如果在你构建初始架构时它就已经出现，你或许早已选择它。但是，如果你的系统已经基于 SQL 数据库构建并且运行良好，那么更换数据库的理由是什么呢？

需要注意的是，技术转换的成本可能非常高昂。当你已经将一种技术应用于生产环境，而另一种技术尚处于规划阶段时，你的团队很可能已经投入了数百人年的时间来学习当前的技术。他们不仅深入了解其背后的理论，还熟知它在实际应用中的表现。他们已经掌握了它的 API、调试方法、部署方式以及如何维护它使之正常运行。

你正在考虑的最新且最强大的替代方案可能确实更好。然而，切换到新技术需要巨大的投入，包括重新学习和重新解决现有技术的每一个问题。这意味着你之前对旧技术的投入将付诸东流，并且新技术也仍然存在无法成功的风险。因此，切换到新技术的标准必须设定得很高，因为它必须将所有这些因素都考虑在内。

尽管如此，任何长期存在的系统，其架构都必将随着时间的推移而演进。这种演进恰恰标志着系统的成功——它已经超越了最初的设计范围，并承担起了更多的任务。然而，我们也要认识到，任何架构都存在局限性。当触及架构的局限性时，我们就需要调整和演进架构，以确保系统的生命力。

因此，我们的目标并不是避免演进架构，而是避免过于频繁地进行架构演进。为此，我们需要在每次重新审视架构时投入足够的时间和精力。每次升级所需的较大投入应该都会延长下一次升级所需的时间。充足的投入会形成积极的正反馈循环，从而让我们的目标在更长时间内保持稳定。

架构的变更不必过于复杂，甚至在某种程度上是可以预见的，这一点令人欣慰。事实上，为未来发展做好准备的最有效方法，就是在初始阶段就构建一个良好的架构。系统架构越完善，你就能越轻松且自信地进行调整：提出方案、评估可行性、最终付诸实施。反之，如果目前的架构过于复杂、难以理解或者缺乏完备的文档，你就需要先解决这些问题。而这些努力，最终都会转化为架构演进过程中的宝贵财富。

有些团队会定期进行架构审核，这有助于有效地管理变更。首先，架构审核提供了一个绝佳的机会，让我们能够停下来思考系统的架构是否依然能够满足当前需求。如果答案是肯定的，且无须进行任何更改，那么可以将这个问题暂时搁置，留待下次审核时再议。更理想的情况是，架构审核能够帮助我们在需求变成危机之前就识别出潜在的变更需求。

定期审核可以作为日常工作的压力释放阀。建立审核机制后，团队能够更轻松地坚持当前的决策，避免不必要的干扰。当然，新想法总是受欢迎的（例如，我们是否真的应该应用区块链技术），但是，类似的讨论可以推迟到下一次审核。审核机制本身就能成为收集新想法的催化剂，并有助于推动团队开展调研和原型设计，从而收集更多的信息。

大型企业 / 机构通常遵循年度计划来推进规划、预算等工作。如果你定期执行架构审核流程，那么请使其与企业 / 机构的流程保持一致。在规划初期，你需要明确架构是否需要资源来推动系统进行重大变更。相反，如果你的架构在下一年能够保持良好状态，你就可以帮助企业 / 机构将资源分配给其他更紧迫的事项。

3.9　总结

软件系统始终处于不断的变更之中，这些变更可能是由产品驱动、技术驱动，或两者兼而有之。我们可以通过描述变更的轨迹来更好地理解变更，进而思考变更对现在和未来的影响。作为架构师，我们不仅要设计系统本身，还需要思考如何适应、应对和利用变更，这三者同等重要。

简洁性是为应对变更所做的最基本准备。因此，简洁性必须成为架构设计的主要关注点。在其他条件相同的情况下，架构越简单，其应用、维护和演进就越容易。

保持简洁性是一项艰巨的任务。为了实现简洁性，我们需要以投资的心态进行设计：每一次变更都意味着对平台的投资，唯一的问题是，这笔投资是否值得。我们应当努力做出正确的投资决策，并在战术性变更和战略性变更之间取得平衡。

最后，请记住，架构运作的背景环境本身也在不断发展。市场在变化，愿景也在变化，技术更是日新月异。因此，你必须从一开始就对工作环境有清晰的认识，并在实践过程中持续关注其发展变化。一方面，架构设计不应盲目追逐潮流，否则只会徒增工作量而收效甚微。另一方面，一成不变的架构设计也无法适应不断变化的需求。一个经得起考验的架构实践，必然需要承认架构演进的必要性，并将这作为架构设计过程中经过深思熟虑的重要环节。

Chapter 4 第 4 章

流程

架构存在于更广泛的产品开发流程的背景之下，这些流程负责管理每个产品版本的生命周期。除了软件之外，软件行业还衍生出种类繁多的软件开发流程，例如瀑布式、螺旋式、快速开发、敏捷开发和极限编程等。这些流程规定了交付软件产品所需的一系列步骤，包括用例和需求收集、架构设计、系统设计、用户界面设计、编程、测试、部署等。

这些流程反映出人们对变更管理这个需求的共识：没有变更，就无法创造新事物；然而，如果不对变更进行管理，就几乎不可能产出可交付的产品。缺乏协调的变更只会产生混乱，而不是软件。

本章将探讨在一个高效的软件架构实践中如何管理变更流程。这些主题独立于任何特定的产品开发流程，具有普遍适用性。无论采用何种具体方法，均可适用。高效的架构团队会在其组织所选择的结构和流程中推动变更。他们可能有自己偏好的流程，但不会声称其工作依赖于采用所谓的“正确”流程。

变更管理之于架构实践，如同简洁性之于架构本身，都是预示未来成功的最强指标。缺乏对变更的有效管理将导致混乱，混乱的变更非但不能相辅相成，反而会相互掣肘。这些变更可能相互抵消，甚至可能因为降低可靠性等而导致产品倒退。相反，强有力的变更管理能力有助于在可预测的时间范围内产出满足需求的结果，并且可与任何开发流程配合使用。

4.1 编写系统文档

变更从来不是一蹴而就的。产品的修订版本远多于新的产品。因此，大多数架构师都需要花费大量时间在现有产品的下一个版本的迭代上。正因如此，描述系统的现有架构和设计，才是任何变更流程中至关重要的一步。如果我们不清楚现有的架构和设计，就无法对未来的变更做出理性且明智的决策。

在开发新产品时，请务必注意，即使是全新的产品也不会凭空出现。它们可能是基于某些已有产品的代码库进行开发的，也可能需要重用先前工作中的代码、软件库或设计。此外，还可以从先前设计的经验中汲取宝贵的知识，了解哪些做法是可取的，哪些做法是不可取的。在这些情况下，了解先前系统的架构与了解现有产品的上一个版本同样至关重要。

这看似微不足道，实则需要投入大量的精力。许多项目通常注重工作中代码的生成，而忽略了代码结构和设计思路的解释文档。编写文档并非易事，需要投入额外的时间和精力。因此如果没有足够的激励机制，文档工作往往会被忽视。

此类文档同样需要维护，这也会增加成本。当进行重大变更时——例如开发一项重要的新功能，或是进行需要多个团队相互协调的变更——我们无法直接从构思阶段过渡到编码阶段。这就促使我们制作相关文档，以帮助协调所有参与人员，使他们达成一致。所以，变更的规模越大，在工作开始时就越需要完善的文档。

然而，随着变更不断累积——尤其是细微的变更——如果相应的文档、图表和其他资料没有同步更新，它们就会逐渐"失效"。当实际执行偏离了最初的设计思路，文档的准确性就会下降。经过数次迭代后，文档甚至可能与实际情况严重不符，甚至产生误导。此时，阅读文档不仅无益于后续工作，反而可能成为一种阻碍，最终导致文档被彻底弃用。然而，放弃维护文档只会让情况雪上加霜。

在对系统缺乏了解的情况下对其进行改造，往往会导致两种类型的错误。首先，也是最常见的一种错误情况是，变更提案无法奏效，或者需要付出多于预期的努力才能实现。通常，这种情况直到实施过程中的某个时刻才会显现出来，即当系统开始出现故障时才会被注意到。举例来说，变更提案可能依赖于一个并不成立的假设，或者看似有效的输入实际上并不成立。这类后期才暴露的错误往往会导致设计方案推倒重来，造成巨大的损失和延误。

不必要的重复

我曾多次目睹过这样的情况：团队为产品添加了一个新的功能，却在后来发现，该功能其实早已存在于系统之中。这可能是因为现有功能的表现形式有所差异，或者位于系统中无人问津的角落。更有甚者，架构师可能已经了解到相关功能的存在，但由于缺乏深入的调查研究，最终选择了创建全新的功能，而非充分利用现有的资源。

这种“不必要的重复”一类的问题虽然更难察觉，但其危害性可能远超实施过程中失败的变更。首先，最直接的损失就是浪费的精力和时间成本。在最糟糕的情况下，如果团队一开始就知道产品已有的功能，那么所有那些用于重复开发的资源本可以投入真正的新功能开发中。由于任何项目都面临着资源上的限制，因此这种浪费所带来的机会成本是非常高的。

这种失败的模式之所以有害，是因为它会滋生复杂性，而复杂性正是软件的大敌。系统原本只需要一种实现方式，却因此被迫维护两种方式来完成同一件事。每次后续的变更都需要评估两种实现方式带来的影响，而不是只评估一种。客户也需要了解这两种功能，并浪费时间来决定使用哪一种，而他们本可以只了解一种功能。这些成本会一直伴随着项目及其客户，除非投入额外的资源将两种功能合二为一。

如果你的技术文档已经过时，那么团队将不得不进行架构恢复，以重新理解当前的系统。根据现有文档（如果有的话）与系统当前状态之间的差距，可能需要付出不同程度的努力。阅读代码、检查代码的行为和数据会有所帮助。此外，与系统开发人员进行访谈通常会产生良好的效果，因为他们中的许多人掌握着大量需要记录下来的有用知识。

在进行架构恢复的过程中，你将不可避免地对系统现状产生一些改进的想法。请务必记录下来这些宝贵的想法，但不要让它们干扰到架构的恢复工作。架构恢复的目标是准确记录系统的现状，而不是你期望的状态，所以切勿在恢复的过程中进行修改。相反，你可以将这些改进建议记录在架构待办事项列表中（本章稍后将对此进行详细讨论）。

归根结底，对系统有准确的认识是评估系统任何变更的必要前提。如果缺乏对系统的准确理解，就无法对提议的变更进行准确评估。一项变更提案可能在内部是合理的，包含正确的算法、模式等。但如果这些元素与正在变更的系统不一致，就无法确保该提案的任何部分能够真正发挥其应有的作用。

一旦你拥有了对系统准确且最新的描述，务必保持并及时更新。一个有效的方法是将文档修改纳入你的工作流程中，将其视为与代码本身同等重要的输出。正如我们可以通过运行测试来验证代码实现一样，我们也可以通过审阅文档来验证其准确性。每一次的修改都为下一次的改进奠定了基础，周而复始、持续优化。

4.2 奔向愿景

如果你正在构思对产品的变更，这意味着你对产品的愿景已经超越了现状。如果你还没有将这个愿景正式确定下来，例如将其清晰地写下来，那么现在正是进行这一步的最佳时机。

架构愿景旨在描述系统在未来三至五年内预期达到的理想的架构状态。正如第 3 章所述，任何成功且长寿的产品，其架构都需要随着需求、市场和技术的不断变化而演进。架构愿景会清晰地阐述架构团队计划如何应对这些压力，并引导架构朝着预期的方向发展。

优秀的愿景应当是具体而不失概括性的。例如，假设你的产品当前不具有扩展功能，但你发现了这一领域的市场机遇。那么，该产品的愿景文档就应该涵盖对扩展功能的支持。它需要阐述一些主要问题，例如支持的扩展点，以及如何发现、获取和安装扩展等。但它无须详细记录扩展的 API，这类细节信息将在后续设计阶段进行补充。

将愿景聚焦在三至五年的时间框架内，有助于为愿景定下正确的基调。超过五年，你写下的任何东西都会变得过于投机，因为这需要规划大量工作才能佐证其合理性。同样，对于大多数市场而言，五年已经是一个相当长的周期，超过这个期限的愿景极有可能被打乱，从而难以实现。

相反，任何短于三年的规划往往是不够的，因为这预示着其前瞻性不够长远。如果只关注眼前的下一个变更，就无法协调整体前进的方向。愿景的真正价值不在于其正确与否，也不在于它是否鼓舞人心，而在于它能够推动系统全体同步变化并朝着同一方向发展。当然，如果发现方向错误，可以调整愿景，并重新锚定新的目标。但如果没有愿景，各种变更很可能相互抵消，而非朝着同一个方向推进。

管理好愿景文档的篇幅同样至关重要。篇幅过短，则无法深入阐述内容；篇幅过长，则容易使读者迷失在冗长的细节中。建议将篇幅控制在六页左右。如果针对某些特定主题需要展开详细论述，而篇幅又无法满足要求，可以考虑在主要的愿景文档之外，另撰写专题文件进行阐释。例如，你的愿景可能是将网站上现有的商业功能直接整合到应用程序中，那么你可以考虑另行撰写一份文件，专门论述你对电子商务系统发展的愿景。

架构愿景和团队的架构原则一样，都是团队产出的重要成果之一。编写第一份愿景文件需要付出相当大的努力，其内容包括：计划用一定时间收集利益相关者的意见，并对相关技术和市场趋势进行调研；预留时间供团队提出多种方案并进行讨论；让利益相关者（包括工程和产品管理部门）有机会审阅愿景文件的草案并提出反馈意见。最后，尽可能广泛地发布最终的这份愿景文件。

愿景发布后，需要定期进行回顾。与需要随着每次变更而更新的系统文档和架构设计不同，愿景文件无须频繁修改。假设愿景的时间框架为三到五年，那么每年更新一次即可。在那一年里，你会朝着实现愿景的方向取得重大进展；你可以将已完成的部分移除，并展望未来，将愿景延伸至下一年。

很多时候，即使是年度更新也算是适度的。这其实是一件好事，因为愿景的意义在于确保工作朝着共同的方向前进，而这个方向不应频繁变动。然而，我们偶尔也会遇到市场或技术上的重大颠覆，导致愿景需要进行较大的调整。这种情况下，对愿景文件进行重大修订，能够有效地向所有相关人员发出信号，愿景的变化已经发生。

4.3 撰写变更提案

明确系统的当前状态和设想中未来的状态至关重要。同样，我们提出的从当前状态向未来状态转变的方案也应该以变更提案的形式明确地记录下来。

完整的变更提案涵盖了变更的三个阶段：动机、概念方法和详细设计。但变更提案的意义并不是一开始就整理出这些信息。相反，变更提案更像是一个容器，以便在提案的制定过程中逐步收集这些信息。

变更提案可以简洁明了，仅需一两句话来阐述为什么需要变更（动机）或者什么可能变更（概念）。一份优质的对变更提案的早期修订应聚焦于全局性的问题，例如，该变更是否能够满足新的需求，以及它与我们对系统发展的愿景是否一致？

早期的变更提案还可以描述变更的具体内容，例如哪些系统组件或关系将要发生变化。但是，提案不需要——或许也不应该——精确地描述变更的具体实现方式。最好是在项目初期就动机和概念方法达成一致。

变更提案是你获得、讨论和完善修改建议的核心机制，因此一开始就不必对其进行精雕细琢。如果你心中已经有一个具体的修改方案，那么变更提案可以清晰地说明这一点。例如，你可能提议为系统采用新的架构原则，这已经是一个相当具体的修改方案了。但关键在于抓住每一个提议中的变更，无论它是否与架构相关。在早期阶段，变更的范围可以不必确定。例如，你对新原则的提议最终可能会演变成对现有原则的修改。

随着时间的推移，部分变更提案将进入详细设计阶段。所谓“设计”，指的是对一项内容的运作方式的具体且详细的描述，涵盖功能、算法、服务等。变更提案一旦通过概念审批，就会进入设计阶段。有关设计过程的更多细节，请参见第 5 章。

例如，假设你需要为系统满足一项新的需求：对系统中存储的文本记录进行基于文本内容的搜索。针对这一需求，相应的变更提案可能是启用并利用存储这些记录的数据库自身的文本搜索功能。当然，在批准概念变更后，你仍需进一步完善设计的细节。在概念阶段，变更提案只是将范围缩小到需要修改的组件。

并非所有变更提案都需要详细的设计方案。例如，某些变更提案可能只是建议对现有愿景进行补充说明。此处需要明确的是，愿景既非系统架构，也非具体设计，而仅是对未来发展方向的陈述。当然，对愿景的更新也属于变更的范畴，需要相应地更新愿景文档，并通过变更流程进行管理。但这类变更本身并不需要进行设计工作。

我们常常将“变更”理解为“添加”，因为产品开发往往侧重于构建新的功能。然而，我们不应将“变更”简单地等同于“添加”。变更也可以指删除功能、修改现有功能（例如使其运行得更快、成本更低或更具可扩展性），或者是调整系统的其他方面。

变更流程的改变

尽管不同团队的正规程度有所差异，但一些团队会着重强调对变更流程进行严格的记录，这是他们用以管理变更的实践方法。然而，如何才能对变更流程本身进行改变呢？答案自然是通过变更提案。

这些“变更流程的改变”对某些人而言可能显得有些过犹不及，但另一些人却从构建一套能够自我更新的流程中获得了满足感。无论如何，我的经验是，团队会发现统一的变更流程更加大众化：任何人都能提出任何变更提案，并且每项变更都将得到公平对待。当然，这并不意味着所有变更都会被接受，实际情况远非如此。

4.4 维护待办事项列表

正如第 3 章所述，对系统的每次变更都要经历三个逻辑阶段：确定其动机、制定概念方法和制定详细设计方案。虽然这些阶段的流程并不总是线性的，但你的流程仍然需要明确跟踪每个阶段的每个变更。这种跟踪确保了即使你从中间阶段开始，也不会在没有就动机达成一致的情况下继续采用这个概念方法，也不会在就方法达成一致之前制定详细设计方案。

当前、过去以及未来的变更提案，以及它们目前所处的阶段，构成了你的架构待办事项列表。维护待办事项列表的概念与敏捷软件开发实践密切相关，尽管迭代和增量开发的基本概念，以及对后续工作进行跟踪的需求，比敏捷开发㊀的概念要早出现几十年[5]。此处特意使用了敏捷术语；假设你的组织以某种形式采用敏捷实践，那么维护待办事项列表的概念将广为人知，并且易于解释。

需要注意的是，架构待办事项列表和产品待办事项列表是不同的。架构待办事项列表应包含描述架构工作的变更提案，而产品待办事项列表则描述特性、能力或功能。

㊀ 敏捷开发是一种应对快速变化的需求的软件开发模式，描述了一套软件开发的价值和原则。“敏捷”一词因《敏捷软件开发宣言》（*Manifesto for agile software development*）而开始普及。敏捷软件开发的框架不断发展，其中两个最被广泛使用的是 Scrum 与 Kanban。——译者注

这两者之间存在关联，但并非一一对应。举例来说，产品待办事项列表中的一些条目可能对应多个变更提案，这可能是因为需要评估多种方案，或者涉及多项变更。反之，产品待办事项列表中的其他条目也可能没有相应的变更提案，因为并非每个新产品的特性都需要进行架构方面的工作。

正如上一节所述，在变更的动机和概念阶段，文档可以简明扼要，篇幅大约只有几段。因此，在这些阶段，可以使用变更提案的待办事项条目作为其文档。然而，在详细设计阶段，你需要更详尽的文档。本书第 5 章专门讨论设计阶段，而第 7 章则为管理架构待办事项提供了更多的指导。

4.5 考虑其他可行方案

如果在概念阶段只产生了一种方法，那么接下来设计变更可能会顺理成章。由于没有替代方案，因此无须进行讨论，甚至可能不需要做出正式决定即可继续推进。对于以较小的迭代工作并需要对系统架构进行更小、更渐进式的更新的开发过程来说，这种结果合乎情理，而且也很常见。当进行较小的变更时，坚持当前架构更有可能找到唯一可行的方案。

尽管如此，概念阶段提供了产生和比较替代方案的最佳时机。例如，前文中提到的搜索需求，除了利用数据库自身的搜索功能外，还可以考虑通过向系统中添加独立搜索引擎来实现。两种方案的动机相同，但概念方法却截然不同。虽然两种方案都能满足需求，但其成本和性能特征都有所差异。为更多的方案创造出足够的空间，有助于激发出发散性思维，从而发展出替代的概念。

图 4-1 展示了一组提案之间的关系：多个概念可以为同一动机提供不同的解决方案，而每个概念又可以有多种设计方案。大多数方案将被否决，但这应被视作变更过程中健康的状态，而不应视之为失败。

从规划和执行的角度来看，及早探索多种方案能够提高项目的可预测性。这是为什么呢？让我们来思考一下，如果架构师固守最初的想法，会发生什么。起初，随着方案细节的不断完善，项目看似进展顺利。然而，问题往往要到后期阶段才会出现。任何方案都有其弊端，这种情况在所难免；区别只在于发现问题的时间是早是晚。如果问题发现得较晚，设计可能需要付出高昂的代价以进行修正，甚至可能需要从根本上改变设计思路。

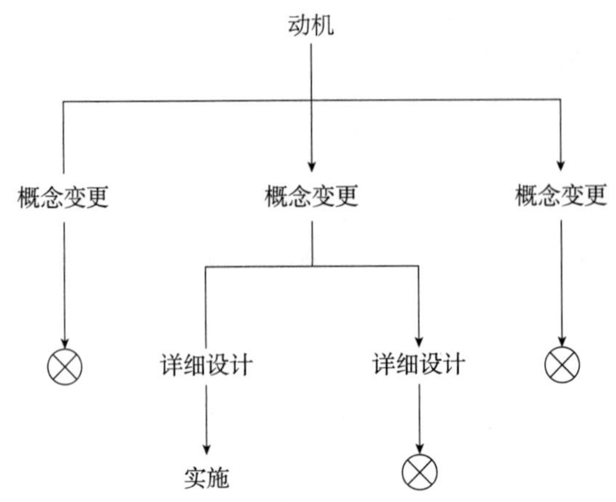

图 4-1 对于并非细微的变更，我们可以探索多个与同一动机相关的概念。同样，针对同一概念方法，我们可以创建出多种详细设计方案。通常情况下，最多只会有一个提案通过审核并付诸实施

如果问题发现得晚，那么即使是简单的“是否需要探索其他概念方法”之类的问题也会成为一个充满压力的议题。由于认知偏差使人们倾向于维护已经投入心血的事物，一些参与者自然会更加支持现有的方案。同时，与潜在的替代方案进行充分比较也并非易事。因为这些方案尚未得到充分发展，所以它们可能看起来比现有方案更有前景——正如现在看来问题重重的方案在最初阶段也曾闪耀过光芒一样。在这种情况下，大量的时间和精力最终会被迫从推动变革转向仅决定如何推进，而与此同时，时间正在一分一秒地流逝。

当存在多个备选方案时，应该分别提出，而不是将所有方案都包含在一个提案中。例如，一个提案建议通过使用现有数据库或添加独立搜索引擎来实现基于文本的搜索功能，这种提案是无益的，因为它只是换了一种方式来重申动机。

强制将每个备选方案都视为一个独立的变更提案，并对其进行审核和评估，有助于组织讨论。同时，将每个提案都作为架构待办事项列表中的一个单独项目来保存，可以清晰地记录所有被考虑过或放弃的方案。最终你将获得一份简洁的提案清单，其中对每个提案的处理方式都一目了然，避免了冗长且复杂的记录。

最后强调一点，提议变更并不是一个形式化的过程。显然，一些提案能够通过概念阶段，如此才会取得进展；但也有一些提案，甚至可能是大多数提案，都会被拒绝。当然，被拒绝并不意味着提案存在缺陷，而可能仅是因为其他方案在某些相关指标上更胜一筹。

强大的架构实践会产生许多概念性提案，并且会否决其中很大一部分。这种做法表明了有两种关键行为正在发生。

首先，它表明团队富有创造力，能够针对问题给出多种不同的解决方案。第一个想到的方案并不一定是最佳方案，即使是最佳方案，也需要经过比较才能判断。制定一系列备选方案有助于加深理解，最终获得更好的成果。

其次，这种方式鼓励广泛参与和贡献。一些架构师才华横溢，能独立构思出多种方案，但我们每个人都有自己的偏好和倾向性。鼓励开发更多的备选方案，并将否决视为正常的现象，团队才能为其他观点和想法的涌现和分享创造出空间。某些具体方案最终可能被采纳，也可能不被采纳，重要的是避免将方案筛选过程变成一场竞争。实际上，评估被否决方案的过程本身也有助于强化最终被采纳方案的优势。

如果在考虑重大变更时没有自然产生不同的方案，那么应该采取措施鼓励创造一些备选方案。如果要求团队提供备选方案却没有效果，那么尝试自己提出一些建议。这些建议不需要很完美，甚至可以不切实际，因为我个人就经常故意提出一些我自己都不会采纳的方案。这样做的目的是激发其他人想出更好的主意，并且我几乎从未失望过。在这个阶段，提出的各种方案很可能是彼此的变体，或者是其他方案的组合，等等。

保持条理清晰十分重要。在你的待办事项列表中，请将相关的提案相互联系起来，并关联到它们所要解决的需求上。如此一来，决策者在决定概念方法时，便可以随时获取这些信息。

当然，过多的选择也会带来负担。根据经验，我认为即使是针对重大变更，四种相关的概念方法也足够了。同时，应尽量保持每个概念性提案所需的工作量相对较轻，避免这部分的流程变得过于繁重。

如果你有两个或多个存在竞争关系的提案，迟早你需要从中选择一个。如果无法仅凭变更提案就立即做出决定，你可以决定对多个方案进行详细设计，并且明确知道之后只会选择其中一个方案实施。但是，你应该尽量减少进入详细设计阶段的提案数量，因为每个提案都需要投入精力进行设计，而这些努力应该得到充分利用。不要让多个提案成为糟糕决策的借口（有关决策的详细信息，请参阅第 6 章）。

在众多备选方案中进行抉择时，我们同样有机会评估单个变更提案是否能够满足更广泛的需求。有时，这一点是显而易见的，例如，若干相关需求明确需要一个通用的解决方案。然而，当架构师能够识别出可采用相同的底层机制来解决的不同需求时，则有可能获得更大的收益。在评估变更提案时，更广泛的架构考量因素、你的愿景以及相关需求都能够为你的分析提供支持。

最后，需要强调的是，切勿在概念阶段过度停留。如果变更提案简单明了且别无选择，则应尽快推进。如果有复杂的备选方案需要评估，则需要更多的时间，但任何决策都不能无理由拖延。

4.6 学会说不

在软件开发和交付业务中，人们通常认为成功的变更就是能够付诸实施、在未来版本中发布并最终被客户使用的变更。事实往往如此，但却并非总是如此。

强有力的变更过程往往能够推动人们明确许多要点，包括

- **待解决的问题**。最初的工作可能基于一些需求，而这些需求本身并不明确、不够完整，或者错误地表述了预期的功能。
- **实施成本**。每一次变更都需要投入成本，而并非所有的投入都能获得丰厚的回报。在制定提案的过程中，我们可能会发现其成本过高，难以获得合理的回报。
- **运营成本**。基于云计算的服务会产生计算和存储资源的持续运营成本。而嵌入式系统的变更则可能影响硬件的组件成本，例如需要使用速度更快的 CPU。

基于上述原因及其他因素，对一项或一组相关提案进行评估后，最终结果可能是决定全部予以否决。

提案被否决并不意味着失败。恰恰相反，尽早发现并解决问题至关重要。对于任

何组织而言，在概念阶段识别出潜在的问题比在详细设计、实施甚至发布后才发现要好得多。越早做出决策，就能避免越多不必要的浪费。帮助组织避开成本高昂的“死胡同”，是架构团队所能做出的最有价值的贡献之一。一个强有力的变更流程不仅要关注如何执行，更要明确哪些是需要避免的。

4.7 紧急性与重要性

架构设计过程如果被盲目套用，效果不会特别好。加以采用时应酌情考虑。

当工作真正紧急时，要求在设计过程开始前制定完整的系统文档并更新愿景文件是不合理的。安全、法律问题以及其他紧急事项可能会带来无法忽视或改变的时限要求。当紧急任务出现时，团队必须根据现有资源尽力而为。

的确，为紧急工作做好准备的最佳时机是在其发生之前。一些团队将恢复和维护架构文档视为一种负担，但它更像是一种保险投资。尽管维护文档需要成本，并且其价值在未来何时得以体现也具有不确定性，但灾难迟早都会来临。因此，严谨的系统文档是为紧急情况做准备的最佳投资之一。

如果你发现很难为规范化的变更流程（即能够生成并维护准确的系统文档的流程）找到时间，那么认识到这一点或许会有所帮助：你的大部分工作都很重要，但几乎没有什么是紧急的。在某个截止日期前发布新功能固然重要，但这并不紧急。为了不紧急的工作而缩短流程，就会破坏你的准备工作。事实上，那些重要但不紧急的工作最值得认真并且彻底地加以处理。

团队中是否存在不重要也不紧急的工作？如果有，请果断放弃，并将宝贵的时间集中于处理真正重要的事务上，以确保高质量地完成。

4.8 重新编写系统文档

管理变更的最后一步让我们回到起点：我们需要将更新后的系统记录下来。至此，我们才算完成了一个完整的变更周期，并做好了迎接下一次变更的准备。

当然，这里涉及的工作量取决于变更范围。随着变更提案的逐步完成，也许已经缩小了变更范围，甚至不需要进行任何架构变更。所需的变更可能仅限于对单个文档进行适度的更改。

当然，影响范围更广的变更必然需要更多的工作。虽然变更提案不应过于庞大，但即使是针对性的变更也可能需要更广泛的更新。例如，添加或修订一项架构原则可能不仅需要修改这些原则的文档，还需要修改引用该原则的标准、架构文档，甚至是设计文档。

在更新文档的过程中，你可能会发现一些由于当前变更而引发的新的修改建议，或者至少是需要考虑的修改建议。这些建议应被记录为新的变更提案，并添加到你的待办事项列表中。

最后，相关人员应了解这些变更的内容。有关沟通的更多细节，请参见第 8 章。

将变更提案作为拉取请求

当前软件开发实践中使用的拉取请求（pull request）方式与本书所述的变更流程大致相同：

- 从编码的系统基线描述开始。
- 创建一个可被视为“差异”(diff) 的变更提案，并将其表示为与基线的差异。
- 以“拉取请求”的形式分享该变更提案，以此为基础收集反馈意见并分享进一步的改进。
- 如果拉取请求获得批准，则将其“合并”，以更新代码。

将变更提案“合并”到当前系统文档的流程，仍然比通过合并拉取请求来应用代码变更的流程更需要手工操作。虽然未来可能会有所改进，但目前我们可以借助这个类比来理解变更提案的流程。

4.9 总结

变更是软件开发的核心所在，但这并不意味着变更可以毫无章法。有效的软件架构实践会使用变更流程，使架构团队能够借此探索不同的方案，最大限度地减少走回头路的次数以及重复性工作，从而专注于最重要的任务。

图 4-2 展示了架构变更的流程。该流程首先需要对系统的当前状态进行描述，如果还没有这样做，则必须从系统的实施中恢复。其次，该流程还需要展望系统在未来某个时间点的状态，该状态的愿景取决于系统开发和运行的环境。

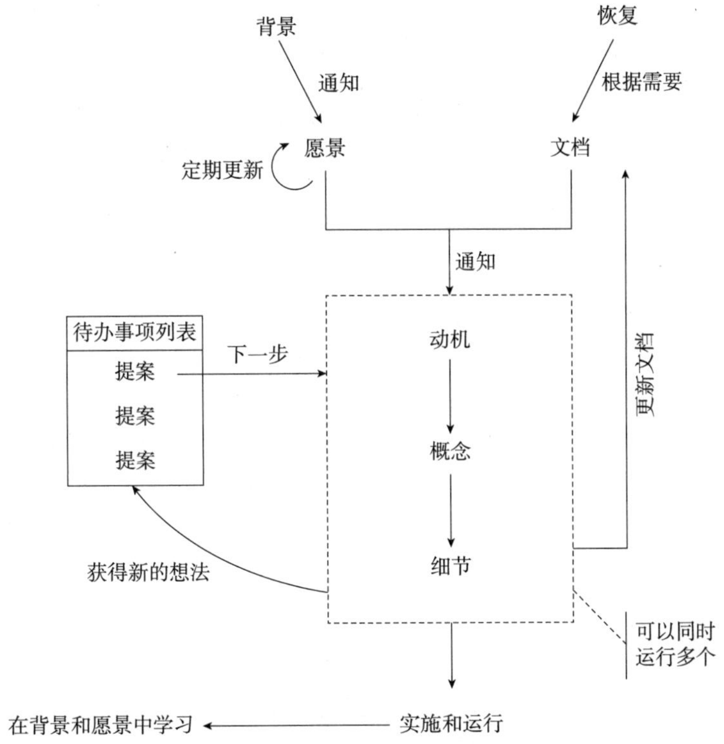

图 4-2　架构变更流程概述：背景、愿景、恢复和文档相关的工作及其成果为流程核心的三个阶段提供信息支撑。待办事项列表持续跟踪当前、潜在以及过去的变更

此流程的核心在于变更提案，其涵盖了从动机、概念到细节的完整变更。团队应使用架构待办事项列表来追踪过去、当前和未来的变更提案。当一项变更提案首次从待办事项列表中被选中时，通常处于动机或概念阶段。当然，也不排除某些更完整的提案被退回待办事项列表后，又被选中进行进一步完善的情况。

在制定提案的过程中，可能会提出备选方案，也可能会产生和评估具有不同动机、概念或详细设计的新提案。其中一些提案可能会同时得到进一步的发展，尽管任何提案在任何时候都可以移至待办事项列表中，以供日后考虑。

变更提案一旦获批实施，系统文档必须随之更新，以准确反映系统的最新状态。更新后的文档将作为后续工作的重要基准。

在整个变更流程中，团队要牢记并非所有的变更都需要完成。有些变更会被判定为没有价值而被放弃；而另一些变更则可能因为实际环境中行不通而最终放弃。因此，一个强有力的变更流程应该着眼于尽早识别并规避上述情况，而非执着于交付每一个变更。

最后，架构师应该在变更提案的实施和部署过程中持续关注其进展。虽然在这些阶段获得的经验教训无法反映在已获批准的变更提案中，但它们可以而且应该用于指导未来的工作。例如，这可能会以新的变更提案的形式出现，或者融入指导变更流程的背景和愿景之中。

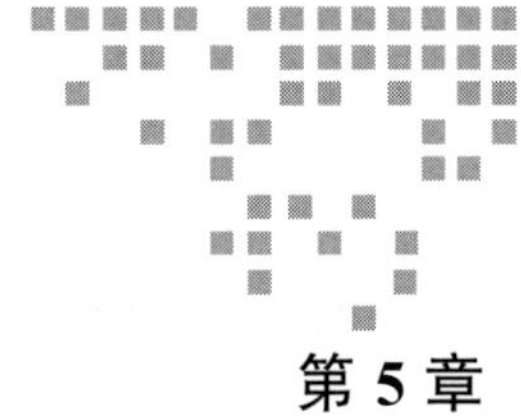

第 5 章 Chapter 5

设计

在这一流程中，我们已经对系统进行了准确而全面的描述，并且与指导性愿景保持一致。在此基础上，我们提出了一些概念层面的修改建议，并从中选择了一项进行推进。现在，我们终于可以进入详细设计阶段了。需要注意的是，我们在此使用的“设计”一词同样适用于架构设计（有时也简称为“架构”）以及基于当前架构的系统设计。具体进行哪种设计取决于所做的变更，但设计活动本身并无不同。

设计是一种解决问题的智力活动。它将问题陈述作为输入——在软件开发过程中，这些陈述即为需求——并生成程序的规范。该程序在实现后即可解决相应的问题。从问题到解决方案的转换过程看似神奇，实则蕴含着严谨的逻辑和方法。

的确，有些架构师将设计视为一种“独门绝技”。他们会带上设计难题，闭关数日甚至数周，然后带着完整的解决方案回归。我并不怀疑这种方式对某些天赋异禀的人来说十分有效，但我并不推荐。一种开放式、结构化的设计方法往往能够产生更好的结果。而且，更重要的是，这种方法还有助于传授设计技巧，从而打造出高效且富有韧性的团队，而非依赖于某人的一己之力。

人类天生就是问题的解决者。当我们面对问题时，总是愿意尝试新的想法、新的事物，并付诸实践。其中一些尝试最终会带来成功！凭借着对过往成功经验的记忆，我们往往能够为下一个问题找到解决方案，或者至少是解决方案的雏形。如果大多数软件产品都很简单，那么这对于软件设计来说可能也称得上足够了。

不过，我们在这里讨论的产品往往极其复杂，可能包含数百个分散的元素和数百万行代码，并且需要成百上千人协同开发。此外，这些产品通常致力于解决一些全新的问题，因为产品开发的本质就是追求新颖和与众不同。对于这类问题，我们无法通过简单地参考过往的经验就能立即找到解决方案。

在设计流程的管理中，我们认识到设计流程可以被构建为三个步骤（这一点非常重要）：首先，将较大的问题分解成较小的、易于管理的子问题；其次，分别解决这些较小的挑战；最后，将这些解决方案整合起来，以解决较大的挑战。这种结构化的思维方式对于架构设计的有效管理至关重要。

5.1 如何加速架构设计

设计是一项创造性的活动。设计意味着为新事物赋予“生命”，使其成为现实。这不仅需要技巧和知识，更需要想象力和坚持不懈的努力。在设计的初始阶段，一切皆有可能。

当然，面对无穷无尽的选择是令人恐惧的。我们的工作目标是设计出一种方案，一种足以应对某些需求或满足一系列要求的方案。然而，在无限多的可能性中进行选择和筛选，本身就是一项艰巨的任务，并且很可能超出最后期限。

显然，工程师不会考虑无限多的选项。在工程学科中，设计方案往往被限定在有限的选项范围内。例如，土木工程师在设计桥梁时，通常不会从头开始发明新的桥梁类型，而是会从梁桥、桁架桥、悬臂桥、拱桥等基本桥型中进行选择。

这份固定的菜单并不能够简化桥梁的设计问题。不同的桥梁类型有着不同的特性，包括跨度、刚度、材料、建造方法等。如果单一类型的桥梁能够在所有方面都表现优异，那么土木工程师的工作将会轻松许多。然而现实情况并非如此，多种桥梁类型之所以存在，正是因为实际应用中对桥梁的要求千差万别。

土木工程师在进行桥梁设计时会受到外部因素的制约。例如，峡谷的跨度和深度可能会限制设计方案的选择。这就导致某些方案可能可行，而另一些则不可行。尽管工程师可能希望采用其他方案，但峡谷的客观条件无法改变，设计必须适应这些限制因素。

因此，设计一座桥梁意味着创造出一种前所未有的事物——一座从未建造过、未来也不会重复出现的桥梁。然而，这一创造过程必须在现有条件的限制之下进行。这种“受限条件下的创造力”正是工程学的基本挑战，无论是桥梁工程还是软件工程，概莫能外。

在软件开发领域，我们受到的限制往往更少。软件系统通常具备高度的灵活性和可塑性，以至于人们常常感觉似乎任何方法都可以采用。从某种程度上来说，这种感觉是正确的。与桥梁建造者必须面对的那种严格的外部约束相比，软件工程师遇到的这类约束要少得多。

软件工程师面对这种灵活性，往往会做出两种反应。第一种反应是坚持使用自己熟悉的方法。例如，假设他们正在构建一个需要并发处理大量 API 请求的服务。一位熟悉事件驱动编程的工程师可能会选择采用这种设计，因为它既满足需求，且又为他们所熟悉。他们没必要去学习其他的方法，因为学习新的方法需要花费更多的时间和精力，从而增加按时完成任务的难度。

另一种典型的反应则与之截然相反——尝试新的方法。熟悉事件驱动编程的工程师或许会认为这种方法已经过时，因为他们听说过多线程编程，并认为它才是未来的趋势。采用新的设计方案的确存在风险，但同时也可能具备潜在的优势。新方案也许会带来更好的效果。此外，学习新技术能让工程师保持积极性，并拓宽团队的技能。在下一次需要类似的解决方案时，团队就同时具备了事件驱动和多线程方案的经验。

不幸的是，尽管这种灵活性看似是一种优势，但在实际应用中，它可能会破坏大型系统的完整性。当这些设计选择是在本地以孤立的方式做出时，问题就会出现。在缺乏治理的情况下，系统最终很可能对一个 API 使用事件驱动的实现，而对另一个 API 使用多线程的实现，这种情况屡见不鲜。

单独来看，这两种方法可能都不失为好的方案。但结合使用则会导致系统的复杂性大幅增加，而未能带来相应的收益。这不仅限制了两种 API 之间共享代码的可能性，甚至可能杜绝了这种可能性。开发者将难以同时兼顾两种 API 的开发工作，因为他们必须在两套截然不同的规则之间来回切换。此外，两种方法往往具有不同的故障模式，这将导致系统缺陷的解决时间加倍。不仅如此，由于两种方法的扩展方式完全不同，提升系统性能的难度也将加倍。

矛盾之处在于，过多的灵活性反而会对系统造成负担。在设计阶段，过多的灵活性会增加选择的数量，从而导致设计决策的困难；而在实施阶段，它又会增加工作量，并延长开发周期。

在这种情况下，架构作为一种约束就显得尤为重要。在软件开发中，我们无法依赖不可改变的外部环境和现成的构建材料来决定我们的方法。因此，为了保持系统的完整性，我们必须施加自身以约束。这些约束——由系统设计原则阐释——就构成了系统的架构。

优秀的架构通过施加约束条件来减少选项，从而加速设计过程。例如，在处理并发 API 请求时，如果架构强制采用一种特定的方法，就可以节省选择不同方案的时间。并且，它为在整个实施过程中共享代码创造了机会，还有利于在统一的设计中更好地利用人力资源、开展测试和扩展工作。

5.2 设计如何驱动架构演进

这并不意味着每个设计都必须从现有的选项中进行选择。如果真是这样，那么我们现在可能仍然在使用原木搭建的简陋桥梁，或者根本就没有桥梁可供通行。有时，现有的选择无法满足实际的需求，因此需要探索新的方法。

架构团队的主要职责之一是为已知且易于理解的问题制定关于解决方案的约束条件，但与此同时，他们还需要识别现有解决方案的不足，并判断何时需要新的解决方案。开发新的解决方案并将其整合到项目架构中是一项至关重要的工作，需要得到足够的重视。因此，尽早发现这些问题并给予足够的关注是非常重要的。

我们有时会倾向于将新的问题视为日常工作流程的一部分，但这其实是一种颇具风险的做法。解决新问题最好的方法是承认并正视问题解决流程中固有的不确定性。对此，我们应当留出专门的人员和时间进行原型设计和研究，并探索不同的解决方案。这需要耐心和前期的投入，而一旦研究成果在项目中得到成功应用，我们将会获得丰厚的回报。

有时，我们的选择会发生变化。例如，当钢铁可以用于建造桥梁时，我们就需要考虑新的、更优的方法。同样，架构团队必须避免在系统中随意采用或试验新的技术，因为这样做会破坏系统的完整性。

不过，这里的重点并不是说你应该压制所有的实验。在一定程度上进行实验是必要的，因为实验可以带来新颖且更优的方法，也是保持优秀人才积极性和兴趣的关键。问题的关键在于，你要对实验进行有效的管理。

为了给实验创造空间，可以将其从常规的产品开发周期中分离出来。这种做法至少会带来三大好处：首先，它可以帮助人们明确对新创意的投入以及其与直线生产成本的对比，使参与其中的每个人都能更清晰地了解项目的投入构成；其次，由于实验工作不必受制于严格的截止日期，团队便可以进行更大规模、更大胆的尝试；最后，它允许失败——即使实验失败，也不会影响产品的正常交付。最后一点尤为重要，因为成功的实验往往建立在无数次失败的基础之上。如果将生产进度与实验结果捆绑在一起，一旦实验失败，不仅会影响产品的按时交付，还会使团队背负巨大的压力，甚至无法客观地面对和承认失败。

回到 API 请求中并发处理的方式上，事实证明，无论是事件驱动方法还是多线程方法，单独使用皆非最佳方案。实际上，混合方案可以超越这两种方法：事件驱动方法可以最大限度地提高每个线程的处理能力，而多线程则可以突破单线程的限制，实现更强大的可扩展性。

因此，对于旨在实现可扩展并发架构的系统，可以结合使用事件驱动和多线程这两种方法。换言之，对此类系统的一项可能的架构约束是，API 的实现必须基于混合事件驱动和多线程的模型，而不是仅依赖于其中一种模型。

这是一个复杂的结果，它不太可能适用于所有的情况。任何系统都未必需要通过增加复杂性来满足扩展的需求。此外，系统也可能受限于编程语言、框架或其他因素，而只能选择其中的一种方法。尽管如此，这个例子很好地说明了架构团队在设计过程中需要做出的选择，以及他们需要了解存在哪些可选项。这也体现了架构设计应该为哪种设计问题提供答案。

5.3　分解

设计的第一步通常是分解问题，除非要解决的是一个简单的设计挑战——当然这种情况也确实存在。面对一个庞大而复杂的问题，我们会将其分解成若干个更小、更容易管理的子问题。如果我们能很好地做到这一点，那么每个子问题仍然需要进一步的工作才能解决，我们可以递归地应用这种分解的方法，直到所有问题都被分解成我们知道如何解决的程度。

事实上，本书自始至终都在应用分解的概念，尽管我们没有明确地将其标注出来。描述一个系统的架构，即使是一个普通规模的系统，也是一项复杂且工作量巨大的任务。因此，我们首先将系统分解成多个部分，将其描述为一组在特定环境中运行的组件以及组件之间的关系。组件、关系、环境——这就是软件架构中的分解。

在将变更过程分解成多个阶段时，我们沿用了相同的策略：编写当前系统文档，使其与愿景保持一致，制定变更提案，并设计具体的变更方案。由于同时执行所有这些步骤非常困难，因此我们将其分解成不同的阶段，每个阶段都面临着独特的挑战。例如，即使是描述系统的当前状态，在如何有效捕捉和描述大量信息方面也会遇到挑战。由此可见，分解是我们应对复杂性的基本方法。

因此，在设计过程中应用分解并非意味着要学习全新的技术，而是会面临一些额外的挑战。在考虑现有系统架构时，将其分解为组件、关系和环境的方式是预先确定的。但当设计新系统或对现有架构进行重大变更时，选择合适的分解方式则成了一项挑战。在这一阶段，架构师不能依赖别人交给他的现成分解方案，而必须了解良好分解的要素，并能够根据这些标准提出和评估不同的分解方案。

通常情况下，分解应力求简洁。需要牢记的是，我们之所以对问题进行分解，是因为它过于复杂，无法一次性解决。我们的目标是将其拆解成更易于管理的部分。然而，如果我们无法掌握这些部分的内容、功能以及相互之间的关系，那么非但无法解决问题，反而可能使情况变得更糟。

好的分解旨在简化问题，其关键在于引入数量适宜的元素。如果元素数量过少，分解将毫无意义，因为我们最终仍需再次分解这些元素以进行设计。反之，如果元素数量过多，则又会带来新的挑战，即如何有效管理元素之间的关系。

优秀的分解还能抽象出细节，定义清晰的元素。分解之所以有效，其核心就在于此：它将一个问题拆解成多个子问题，每个子问题都更小，可以独立解决。如果分解不能将问题充分拆解到每个元素中，就无法帮助我们实现目标。我们希望将问题分解成能够隔离这些问题的元素。

软件设计之所以引人入胜，是因为它所面临的挑战没有简单的答案。例如，我们不能武断地认为，任何问题都可以分解成六个小问题。当然，一分为六并非不可取——它既能将问题分解，又不至于让人无从下手。但我们无法一概而论地说，这种分解方式是否适用于所有的问题。

5.4 组合

分解问题并不足以构建一个有效的系统。尽管我们可以将问题拆解成多个部分并逐一解决，但如果未能将这些部分重新整合，就无法形成一个有效的系统。为了实现设计目标，我们必须将各个部分组合成一个有机的整体。

从某种意义上说，这是一个显而易见的观察结果。在问题解决流程中的任何阶段，如果分解后的部分无法重新组合以解决更大的问题，那么这种分解就是无效的。因此，当我们分解一个问题时，实际上就是在预测各个部分如何重新拼接起来以形成最终的解决方案。从根本上来说，分解和组合就像一枚硬币的两面，是密不可分的。

尽管组合带来了新的机遇，但也带来了挑战。在组合过程中，简洁性和效率是至关重要的。如果我们将问题分解得支离破碎，以至于各个部分拼接起来过于复杂，那么我们就会创造出一个复杂的解决方案。这会使组合难以执行、难以确保其正确性，并且难以维护。因此，各个元素之间的关系应该尽可能简单明了。

分解不当可能导致交互效率低下。例如，逻辑组件（执行某些流程）和数据组件（存储记录或内容）之间的关系通常侧重于一次处理一项数据。这种方式在处理简单情况时非常有效，但当需要大规模操作大量记录时，效率就会显得非常低下。为了提高大规模操作的效率，这两个组件之间的关系不应该局限于一对一，而是应该建立在数据批次或数据流的基础之上，从而实现更高效的组合。

正如该示例所示，组合高度依赖于各个元素的接口。如果你正在将问题拆分为两个部分，并分别由不同的服务加以处理，那么你实际上也在这两个服务之间创建了一个跨流程甚至可能跨机器的边界。此时，需要考虑这种相对高延迟的交互是否能够满足需求，或者简单来说，它的表现是否太慢。如果速度过慢，则有必要将问题分解为同一服务内的软件库或类，从而将组件之间的延迟降低几个数量级。

标准化还有助于系统的组合。当系统包含多个组件时，将这些组件连接起来会耗费大量的时间和精力——无论这些连接是通过函数调用、网络请求还是消息传递等方式实现的。如果系统使用一组异构机制，则需要更多的时间和精力来进行机制之间的转换。如果一个系统能将一套最基本的机制标准化，那么通过将此约束应用于每个组件的设计，便可以减少甚至消除这些阻抗失配的问题。

5.5 组合与平台

在设计一项特定的功能时，我们可以预先计划好分解和组合的方式来解决当前的问题。如果一切顺利，我们也为未来可能出现的、设计之初未曾预料到的新的组合方式奠定了基础。

这种观察结果实际上体现了代码库和其他形式重用的理念。当我们将问题分解成离散元素时，自然会考虑这些元素还能应用于哪些场景。如果对接口进行适度的扩展或概括，就能显著提升其适用性。

在设计过程中，我们还需要关注重复出现的问题。例如，系统的两个不同部分可能都需要具备文本处理功能的元素。尽管这两个部分对功能的需求可能不尽相同，但很可能存在大量的功能重叠——尤其是在需要考虑多语言支持的情况下。这就为我们创造了一个机会，可以构建一个独立且可共享的元素，然后将它分别集成到系统的不同部分中。

通常，这些讨论都假定我们正在构建一个应用程序，或者是一系列相关的应用程序。我们可以将应用程序理解为一组预先组合的组件。这些组件经过精心组织，共同提供了构成应用程序的各项功能。从这个角度来看，应用程序与平台的区别在于，平台将组件的组装方式交给了用户或开发者。换言之，平台的设计理念是模块化和可组合性，即允许用户或开发者以平台设计者预先设想的方式，以及未曾设想的方式，自由地组合平台提供的组件，从而实现各种各样的功能。

预测意料之外的事情极具挑战性，而这也正是平台开发的难点所在。平台设计者显然不可能简单地列举出所有可能的组合，因为从数学角度来看，这将耗费难以估量的时间。为了解决这个问题，成功的平台更加强调基于标准的组合。一方面，标准可以作为约束条件，确保构建块能够紧密地组合在一起；另一方面，平台也需要提供一定的灵活性，以便实现各种有趣的组合。因此，如何创建可组合而又丰富的接口便成了平台设计的核心问题。

5.6 循序渐进

可以将设计过程理解为一种对“树”状结构遍历的同构过程。在这个过程中，“树”的每个节点都代表一个待解决的问题，这些问题可以进一步分解成更小的子问题，即子节点。叶节点代表的是无须进一步分解即可直接解决的最小问题。设计过程可以选择广度优先或深度优先的遍历方式。但无论采用哪种方式，当所有节点都被访问过后，设计过程即告完成。

当然，采用这种线性方法会导致软件开发过程变得相当缓慢。当一个开发人员独自承担规模不大的项目时，这种方法或许是可行的，甚至可能是必要的。然而，大多数产品开发工作都希望既能加快开发速度，又能在开发过程中逐步交付阶段性的成果（中间结果）。

通过循序渐进的方式来获取中间结果。这种方式的基本思想是，在将系统重新组合成完整的工作状态之前，首先需要对问题进行分解，并逐步解决其中的一部分，而不是全部。后续的增量可以返回到“树”中的任意节点，并对其进行进一步扩展。

渐进式设计在多个方面都具有实用价值。首先，它能够有效解决急于求成的问题。长时间等待结果往往让人感觉枯燥乏味，甚至可能打击人的积极性。因此，当独自承担项目时，我非常倾向于采用迭代的设计方法。目睹每个阶段的成果逐渐成形，这不仅令人充满成就感，也为迎接下一个渐进式挑战注入了动力。

其次，当目标不明确或未知时，循序渐进也是一种有效的策略。你可能只了解部分问题，或者虽然知晓所有的问题，但暂时却无法解决全部的问题。在这种情况下，可以先着手解决已知的问题，并根据已取得的成果和反馈，逐步调整后续方案，最终实现目标。

渐进式开发的一个优势在于，开发者有时会发现，最初规划中的某些后期增量实际上并非必要。在抽象设计阶段，这些增量可能看似合理而且不可或缺。然而，一旦早期的增量投入使用，开发者便可能意识到现有的功能已经足够，继续完成后续阶段所需的额外投入得不偿失。

这种观察结果可以帮助你避免关于工作范围的争论。也许团队中有些成员认为需要全面完整的实现方案，而另一些成员则认为采用最小化方案就足够了。与其抽象地争论工作范围，不如让双方都同意一个渐进式计划。然后在每个增量交付后进行检查。在取得实际成果后，双方更有可能找到共同点。

5.7 并行处理

循序渐进侧重于在时间维度上组织工作，而并行处理则强调在人员维度上组织工作。大多数系统并非个人项目，而是由团队协作完成的。团队中的个体越能够独立开展工作，项目的整体效率就越高。

幸运的是，并行处理和分解是相辅相成的[6]。如果每个子问题的定义都很明确，那么它便代表了一项独立的工作，可以分配给团队的不同成员。当然，这种方法的实际效果取决于分解的程度。分解得越细，它们之间的接口越清晰，这种方法的效果就会越好。

通常来说，在较高层级的系统分解中更容易实现并行。例如，针对基于云计算的产品，Web 应用程序和服务之间存在明显的分离，这为将两者分配给独立的团队提供了机会。这种方法的另一个优势在于，分解后的两个元素可能需要不同的技能或技术知识，因此也可以根据这些需求来组织团队。

为了使并行处理真正有效，独立完成的工作所带来的效益必须超过协调各部分之间接口和连接所产生的开销。需要注意的是，随着分解过程从应用程序或服务向下转移到类和方法这个层次，效益比会变得越来越小。因此，在单个类的级别上，将并行处理应用于分解可能得不偿失。

有趣的是，并行处理所促成的沟通与协调也能用于评估设计本身。举例来说，假设我们需要将一个产品分解成三个服务来实现，分别命名为 A、B 和 C，并且为每个服务都分配了相应的开发团队。如果负责 A 和 C 的团队之间以及负责 A 和 B 的团队之间都不需要太多协调，这就意味着我们对产品进行的分解是合理的。因为这意味着服务之间具有清晰的接口，各个团队可以最大程度地减少沟通成本，高效地并行开展工作。

然而，B和C团队之间或许存在着频繁的沟通需求。他们可能每天都需要开会讨论各种问题，并且这两个服务之间的接口也随着这些问题每天都在变化。这清晰地表明，B和C之间的功能分解并不理想。团队的行为可以将书面设计中难以察觉的问题清晰地暴露出来。因此，我们应当利用这些信息重新审视设计方案。

5.8 组织结构

软件行业中的许多人都应该熟悉康威（Conway）定律[7]，该定律指出：

> 设计系统的组织，其设计成果往往受限于自身内部的沟通结构，最终产出的设计方案会成为组织沟通结构的映射。

一般来说，这种观点被理解为描述了从组织结构到软件设计的流程。在经典的例子中，一个系统之所以被分解成了 n 个元素，是因为组织本身就被分为了 n 个团队，而每个团队都需要负责一部分工作。实际情况难道不正是这样吗？

虽然康威定律是正确的，但康威本人也指出，它实际上是“设计组织结构的一项标准”。这一认识将康威定律从“对糟糕设计毫无帮助的借口”转变为一种有用的工具。如果你希望减少系统不同元素之间的耦合，以便它们可以独立重用，那么请将这些元素分配给两个不同的团队负责。如果这两个团队彼此之间合作不多，效果甚至会更好。

相反地，假设某个设计中包含一个复杂的组件，其实现需要付出相当大的努力，但必须具备统一的接口和行为。虽然将其进一步分解并分派给不同人员可能颇具吸引力，但这种方法不可避免地会破坏最终结果的一致性。在这种情况下，更明智的做法是组建一个团队，为团队分配更多时间，或两者兼而有之。

这里的关键在于将组织结构视为一种工具。利用分解和软件设计流程来确定产品的结构，并以此为基础构建相应的组织结构。最终，你将获得一个映射组织结构的系统，而这正是你的目标所在。

5.9 在开放环境下工作

设计过程离不开反馈，而反馈则依赖于有效的沟通。我们会向他人阐释我们的工作，并积极寻求能够促进彼此理解的回应。在与利益相关者沟通的过程中，我们会接收到大量的信息，这些信息体现了多元化的观点。毕竟，每个人的视角、立场、知识背景各不相同，看待系统的角度自然也就不尽相同了。

在这些沟通中，我们自己对设计的理解将不可避免地发生变化。根据沟通的内容，我们可能会意识到自己的解释存在尚不清楚的地方，从而促使我们找到更清晰的表述。此外，如果没有得到太多反馈，则意味着我们需要加强沟通。无论是改进沟通方式、优化设计，还是两者兼而有之，成功的沟通都能带来改变。尽早开展这些沟通将会大有裨益。

基于此，你应该尽可能地在开放环境下工作。所谓“在开放环境下工作”，指的是让尽可能多的人能够了解到变更提案以及其他记录工作内容的成果。

在开放环境下工作会带来几个重要影响。首先，避免在项目后期才向利益相关者展示设计方案，因为他们可能不理解或者并不认同这个方案。虽然向他人展示一个完整而令人信服的愿景是很诱人的，但这种做法对你来说是一份成就，对他人来说却可能是既成事实。即使工作成果非常出色，利益相关者也可能因为错失参与的机会而感到不满。

我们能够听到的最有意思的事情莫过于那些能揭示新事物的问题和评论。要知道，没有任何一项设计是完美无缺的，任何设计都有其改进的空间。然而，当你专注于一项设计，尤其是当你作为设计者本人时，往往很难发现设计中存在的缺陷和改进机会。

在开放环境下工作，或者说开放的工作方式意味着你能够更早地分享工作成果并获得反馈。需要注意的是，我们的目标并非告知每位审核者每一次的改动，更不是要求他们对每一稿都进行审阅并提供反馈意见。部分读者——尤其是那些对最终结果不太关注的读者——可能会等到作品更加完整后再进行阅读，这也是可以理解的。

在工作中秉持开放、透明的原则，可以让那些关心和好奇的人——无论是对具体问题好奇，还是仅出于一般兴趣——了解到他们可以参与其中，而且他们会觉得这样做很受欢迎。这些人会在新的草案发布后第一时间查看，并花时间审阅它们。对于一名架构师而言，尽早获得热心人士的评审意见是十分宝贵的。

在开放环境下工作还有第二个好处，那就是能够减少对已有成果的路径依赖。我们常常会对最初的方法情有独钟，但很少有人能够才华出众到一次性就找到最优解。如果我们总是闭门造车，就有可能陷入思维定式，而难以发现其他的可能性。

一个训练有素的架构团队会致力于在设计过程的早期阶段开发多种概念方法，以避免出现这种结果。虽然这样做很有帮助，但最终仍需在多个备选方案中做出选择。还有什么比与同行一起讨论备选方案的优劣更好的方法呢？同行评审能够帮助评估、质疑和构思设计方案。根据我的经验，很少有设计方案在仔细审核和讨论之后还能找到改进之处。

尽早分享并获取反馈，可以降低你受限于最初想法的风险，并更快地获得改进工作所需的意见。当你完成一个完整的设计时，你已经有了一群深入了解提案的评审人。

当然，这并不意味着每一条反馈意见都是完全正确的。每一条意见都值得我们认真思考，但你或许会听到很多你不想采纳的建议。这完全没有问题，只要你的想法是合理的。毕竟，你所收到的一些想法可能本身就是个坏点子！你要记住，你不是为了取悦评审人而设计，你的目标是创造出一款伟大的设计。

但不要忘记，你还是要努力寻求沟通并达成共识。从这个角度来看，每一条反馈都具有价值。仔细思考，这条评论是否源于对你的误解？这种误解也许在于评审人，但也可能意味着你的解释尚不够清晰。如果能够解决这个问题，就能避免后续评审环节遇到同样的困扰。

有些反馈意见可能会提出完全合理的替代方案，但你还是有可能不会采纳。本着创造良好对话的精神，这些反馈值得认真回应。请避免为自己的决定进行辩护，因为这些替代方案并非对你的威胁。你只需简单解释你做出决定的标准。此外，请记录下你的解释，以便未来有相同疑问的评审者能够理解你的思路。

根据我的经验，对某些人而言，学会如何在开放环境下工作颇具挑战性。如果你将架构师的技能等同于其设计作品的质量，那么任何反馈都可能暗藏风险，针对尚不成熟想法的早期反馈尤为如此。每一条评论都可能被视作批评，而你则希望在其他人发现你的“错误”之前就及时解决掉它们。

然而，这种观点并不适合于设计过程。架构设计如同产品开发的其他环节一样，需要团队的通力合作。架构师的职责是利用一切可用的资源——包括来自同行、利益相关者等提供的意见——来交付合适的设计方案。这一过程必然需要整合来自各方的见解和反馈，唯有如此才能使设计方案更加完善。因此，我们应当欢迎这类经过深思熟虑的批评意见。

如果你有这方面的困扰，或者看到其他人也面临同样的困境，请记住，你不是你的工作成果。诚然，人们很容易混淆这种区别，往往对自己的创作有强烈的认同感，并将对工作内容的评价误认为对自身的评判。开放的工作方式并不会让这个问题迎刃而解，但它确实将这个问题摆在了我们面前。因此，我们越能学会将自身与工作成果区分开来，并以客观的态度对待工作，我们的工作成果就会越好。

5.10 放弃

并非所有的设计都会成功。如果一项设计无法在初始变更提案所设定的参数范围内实现，则应果断放弃，并将工作回溯至先前的阶段。此时，可以利用设计阶段积累的经验教训，重新审视该提案以及先前被否决的备选方案。借助新的信息，可以重新评估该决策，并在必要时选择不同的路径加以推进。

放弃现有方案并重新开始往往十分困难。因为正如前文所述，人们容易对自身投入的设计产生情感依恋。这种情感反过来又会导致人们就方案的重新选择进行冗长而无益的讨论，并将项目管理的关注点（例如时间安排）与工程设计的关注点（例如方案的可行性）混淆在一起，最终导致问题难以解决，并无法得到理想的结果。

为避免陷入此类困境，可以设置自动返回变更提案阶段的机制。例如，可以制定这样的规则，当预计交付时间超出一定周数时，必须执行此步骤。此时，应停止设计工作，将团队的注意力重新引导至概念阶段，并探讨是否有新的备选方案需要加入评估。然后再决定是否转换思路，或者再次确认并采用最初的方案。

放弃现有设计方案似乎会造成混乱，而且几乎肯定会导致延误。一定要克制住那种为了按时完成任务而强行推进的冲动。最好是短暂、可预测地延期，而不是让这些问题恶化。因为一旦问题发酵，往往会在后期造成更多的麻烦和更大的延误。此外，如果你已经建立了一个有效的流程来评估和选择变更提案，那么重新评估现状并不会花费太长时间。

5.11　完成

设计一旦完成，原则上不应再进行更改。当然，后续提出的变更提案可以替代原有设计方案。但是，评估变更提案时，必须基于系统的当前状态，并充分考虑已经完成的设计工作。

项目应确保每一项变更都经过与初始设计审核和批准流程同等严格的评审。其目的并非通过烦琐的流程来减少变更，而是强调对变更的评审应与初始设计保持一致的严格标准。至于采用的是重量级还是轻量级的流程，则取决于项目的具体情况。

架构师有时会发现这样做非常困难！在设计实施过程中，他们可能会想到更新、更好的设计方法。放弃那些诱人的新想法并坚持原定计划并非易事。尽管如此，掌握这种能力的团队在按时交付软件方面表现得更为出色。能够以严谨的方式做出决策并坚定执行，这是一个团队成熟的标志。

5.12　总结

设计是变更的第三个阶段。在这个阶段，我们需要制定出概念变更的具体细节。对于简单的变更，我们可以直接加以实施。但即使是最简单的变更，架构师也应该秉持开放的工作方式，并积极寻求反馈。

对于更为复杂的变更，可以采用如图 5-1 所示的设计流程。

如果设计较为复杂，则应将其分解成若干个更小的问题。这一分解过程可以递归进行——形成一个树状结构的设计图——直至每个子设计都可以被独立管理。

根据变更的性质，可以考虑采用循序渐进的方法逐步完成这些子设计，即完成当前子设计后再进行下一个。这种渐进式方法有助于展示项目进展，并尽早获得反馈。此外，某些后续增量可能会变得不再必要，或者可以推迟执行。这类推迟的项目将被放回架构待办事项列表中。

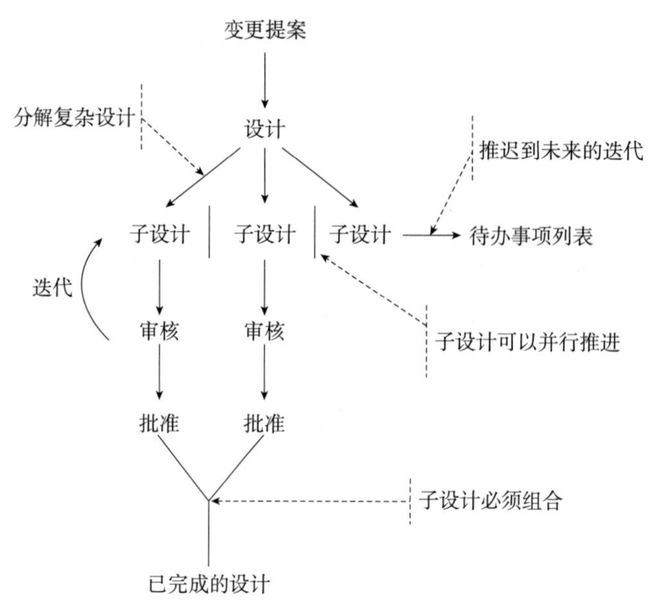

图 5-1　设计流程路径示意图

如果条件允许，并且团队具备相应的能力，这些子设计的工作可以并行进行。并行工作应与组织边界相协调，但同时也要考虑不同子设计之间的耦合性。找到合适的平衡点可能需要调整设计方案或组织结构。

为确保团队成员尽早且经常地收到反馈，工作应保持开放性。子设计完成后，必须进行检查，以确保其组合符合最初的设计要求。设计在完成上述步骤后方可视为完成。任何进一步的更改都应被视为新的变更提案，并从流程起点重新开始。

在整个设计过程中，团队需要牢记并非所有设计方案都能最终落地。有些方案会因为价值不高而被放弃，而另一些则可能因为实际上不可行而终止。因此，一个强大的变更流程应该尽早识别这类情况，而不是执着于完成每一个变更。

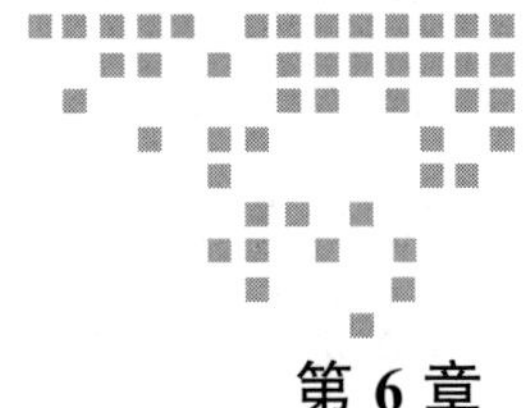

第 6 章 Chapter 6

决策

软件架构实践的运行，与产品构建、团队管理、变更实施和缺陷修复一样，都离不开持续不断的决策。最终交付的产品，正是我们决定做出的变更以及放弃的变更的最终体现。因此，强大的决策能力是高效软件架构实践过程中不可或缺的一环。

我们越是高效且有效地做决策，交付的完成也就越能既快又好。与其让每个决策都随意进行，不如建立起一个结构清晰且可重复的流程。这样做不仅能提高决策效率，还能培养我们的决策能力。此外，我们还能提高决策的可预测性和决策的速度，减少因结果不理想而需要重新讨论的决策数量。

在我们逐一分析决策时，往往会关注输入和输出。输入是指我们掌握的事实或观点，是我们在取舍各种选项时可以权衡的变量。输出则是决策的结果，例如决策是否会带来更好的产品，是否会加快交付进度等。从这个角度来看，每个决策都是独一无二的。

而从另一个角度来看，我们可以关注决策过程中不变的因素。虽然每次决策的具体输入和输出各不相同，但所有决策都包含输入和输出的环节。每个决策都涉及决策制定者、批准者、参与者或知情者等人员。并且，所有决策都按照既定的流程和时间安排进行。

在决策过程中，人们往往倾向于采用或创建一个相对固定、结构化且有详细记录的框架。对于少数需要做出的影响广泛且关键的决策来说，这样的重量级流程无疑是适合的，但这类决策并不常见。大多数决策都相对较小，其影响力并非来自单个决策的结果，而是来自所有决策结果的累积效应。

因此，培养决策能力的真正挑战在于，如何将决策扩展到团队中每个人每天做出的数十个小的决策。当处理许多小的决策时，如果采用需要文档记录、跟踪、会议和通知的严格流程，其效果往往弊大于利，而且难以得到遵守。因此，缩减后的决策过程应该力求精简，只需要参与者意识到决策正在进行，并提供易于遵循的指导。

本章内容主要由一系列问题构成，旨在为决策提供指导。团队或个人在面对大大小小的决策时，都可快速思考这些问题。问题的答案将有助于确定何时该继续做出决策，以及哪些决策需要投入更多的时间和精力。

6.1 更多的信息会有所帮助吗

做好决策的前提是掌握充分的信息。然而，很多时候，决策被无休止地推迟，原因是决策者寻求更多无关紧要的信息。因此，做决策时要问的问题不是我们是否掌握了所有的信息，而是我们是否掌握了足够的信息。

明确地提出这个问题会很有帮助。你可能已经从不同的贡献者那里收集了信息，但很难确定他们是否提供了全部的内容。他们可能片面地理解了你的问题，或者因为你没有问到、觉得麻烦或者不确定信息是否相关而刻意避免分享更多信息。当然，也可能仅是他们没有想到而已。

当你询问他人是否还有其他信息需要补充时，你就为合作者创造了分享更多知识的空间——这可能是他们不愿意主动做的事情。这种做法也可能帮助你发现一些你尚未意识到的额外信息。无论合作者提供了怎样的信息，你都要对他们表示感谢。虽然这些信息可能对当前的决策没有帮助，但你将来可能还会需要他们主动提供相关的知识，而消极的回应可能会降低他们未来提供帮助的意愿。

如果你仍然不确定是否掌握了所有必要信息，不妨问问自己：哪些信息会改变你的决策，或者让你更加确定。明确这一点后，再检查你是否已经拥有这些信息，或者需要进一步搜集。

与你的合作者确认以及自行确认后，就可以停止信息收集并开始做出决策。由于此时信息收集不再有针对性，继续收集不太可能获取更多相关的信息。

例如，假设在你的系统中，服务 A 对服务 B 存在“使用”的依赖关系，即服务 A 依赖服务 B 完成某些工作。该依赖关系的实现方式是服务 A 向服务 B 发送请求或消息。近期，你发现这种依赖关系可能存在问题：

- 服务 A 调用服务 B 仅执行一项操作；我们称之为 F( )。
- 在服务 B 中维护 F( ) 的成本很高，因为这需要服务 A 和服务 B 团队之间的协调。

有人提出了一项变更提案，以消除服务 A 对服务 B 的“使用”依赖，具体做法是将操作 F( ) 从服务 B 中移出，移入服务 A 中。要做的决策是是否继续推进。

仅就此处所介绍的事实而言，还需要更多关键性的信息才能做出决策。例如，你需要了解：

- 此变更是否会在服务 A 与其他服务之间建立新的依赖关系？如果 F( ) 是独立的，则可能不会。然而，如果 F( ) 拥有自己的依赖关系，则答案取决于其使用的具体服务，以及服务 A 是否已在使用这些服务。
- 添加或删除此类依赖关系是否符合系统架构中任何关系的约束？

虽然可以收集更多信息，但这些信息与我们目前的决策无关，可以忽略不计。例如，我们可以探究 F( ) 起初位于服务 B 的原因？F( ) 在过去是否有其他用途？未来是否会有更多服务使用 F( )？或者我们将来是否会在服务 A 与服务 B 之间建立新的依赖关系？然而，这些问题虽然会提供更多的信息，但却无助于决策。并且，这些问题会引入不必要的猜测，从而增加决策的复杂性。

做决策时，重点是获取足够的信息，而不是贪大求全。充足的信息有助于做出合理且不易被推翻的决策，而避免收集过多信息则能保持决策过程的顺利推进。

6.2 决策期间发生了什么

做出决策需要时间。虽然所需时间长短不一，但任何决策都不可能瞬间完成。人们往往会受各种原因影响而拖延决策。有时是因为决策本身看似无关紧要，导致缺乏做出决策的紧迫性；有时是因为需要收集更多信息，或是难以在多个选项之间做出抉择。

与此同时，现状依然存在。作为决策者，我们必须意识到这一点，并在决策过程中将其纳入考量。如果你的决策只影响系统中某个独立的部分，并且该部分是没有进行积极开发的孤立的部分，那么你大可不必急于做出决策。因为在此期间发生的事情，既不会影响你的决策，也不会受到你的决策的影响。

但是，假设你仍在决定是否将 F( ) 从服务 B 迁移至服务 A。与此同时，其他几个团队也在进行需要调用操作 F( ) 的代码变更。由于 F( ) 当前位于服务 B 中，这意味着这些团队需要实现对服务 B 的依赖并与之集成。

你做决策的及时性将会对这项工作产生重大影响：

- 如果你快速决定将 F( ) 从服务 B 迁移至服务 A，那么对其他工作肯定会产生一定影响。但请注意，决定越早做出，影响就会越小。
- 如果你决定移动 F( )，但需要更多的时间考虑，那么最终可能会增加工作量。因为在你做决定的过程中，其他团队可能已经将他们的代码与服务 B 集成。这样一来，移动 F( ) 的成本就会增加，因为它现在被更多地方调用。
- 如果你放弃此次变更，其他团队可以继续工作，无须进行额外工作。但服务 A 和服务 B 团队之间仍需继续保持协调。

在做决策时，请务必注意，你所在的系统是处于不断变化中的，你的决策与系统的变化是并行发生的。如果你的决策会影响系统或会被系统变化所影响，请充分考虑到这一点。决策的速度越快，受到现实情况变化的干扰就越小，同时也能降低期间发生意外情况的可能性。

6.3 有多少决策正在进行

决策过程并非总是直截了当。看似单一的决策，实际上可以拆解为多个决策，分别处理更为有效。例如，假设在生产系统中发现了一个数据丢失的缺陷。显而易见，需要决策如何修复该缺陷。然而，修复过程可能需要一段时间，在此期间，数据丢失的风险依然存在。在这种情况下，如何暂时规避风险（例如，禁用相关功能）以及如何永久解决风险（例如，修复缺陷）可以分别作为两个独立的决策进行处理。

相反，有些看似是两个独立的决策，实际上可能只是一个。回到第5章的例子，假设有两个不同的服务团队，都在考虑如何为其存储的记录添加全文搜索支持。这看似是两个独立的决策，应由每个团队分别做出。但更好的做法是，应将其视为一个单一的决策，即如何支持对系统存储的所有记录的全文搜索。通过将其视为一个单一的决策，为团队创造出空间来考虑创建一个新的架构组件，从而为两个依赖的服务提供搜索功能。

与此同时，需要明确两点：是否提供统一的搜索功能，以及采用何种技术实现该功能。这是两个相互独立的决策。首先需要确定是否存在至少一种可行的技术方案，才能就采用统一搜索功能做出合理的决策。其次，如果存在多种可行的技术方案，在决策是否采用统一搜索功能的同时，又要同步决策选择哪种方案，这将会加重决策负担，拖慢决策进程。在此情况下，团队可能会选择各自实施自己的全文搜索，但就这与预期的目标背道而驰。

架构师拥有系统级的全局视野，能够更好地帮助团队梳理出需要做出的决策的数量以及决策之间的依赖关系。然而，这种“大局观”思维模式也容易导致将多个决策混为一谈。一个高效的软件架构团队应该避开这种陷阱，明确并做出一系列相互独立的决策。此外，团队还应在决策过程中就每项决策的数量和范围进行清晰且一致的沟通。

6.4 不这样做的代价是什么

在评估一项变更时，我们实际上是在进行选择：维持当前系统，或者做出改变。一方面，改变的成本相对容易估计，当然，这是在其他条件相同的情况下。另一方面，维持现状通常看似“免费”。毕竟，不改变任何东西，又怎么会产生成本呢？

当然，几乎所有的系统都存在持续性的成本。即使是无须新投入的系统，也需要维护，而且漏洞也需要及时修复。尤其是在云计算领域，计算、网络和存储的成本都是持续产生的。

还记得有人用一种新（但很深奥的）编程语言编写的组件吗？当初负责的工程师说，他只是想尝试一下这个新的语言，结果现在他离开了，留下了这个烂摊子。现在团队中没有人掌握这种语言，维护工作变得异常困难。虽然大部分时间这个组件还能正常工作，但偶尔的修复和升级都让我们头疼不已。每次都需要有人临时抱佛脚，突击学习这种深奥的程序语言，才能勉强完成修复工作。更糟糕的是，我们甚至无法确定修复是否彻底。就这样，我们提交了代码，然后祈祷下次不要再出问题。

现在，有人提议使用我们偏爱的编程语言重写该组件。重写看似成本高昂，因为成本是一次性产生的。与此相反，维护该组件的成本会随着时间推移而分摊，难以准确计算。人类的直觉倾向于避免巨额的一次性支出，而难以将一次性成本与持续成本进行比较。这恰恰是我们的直觉无法做出准确判断的盲区。

如果你将组件的持续维护成本累计起来，会发现重写该组件很可能带来净收益。诚然，重写需要前期投入，但一劳永逸。组件后续或许仍会出现问题，但解决的成本与系统其他部分的问题相当。此外，移除额外的编程语言带来的简化也能进一步降低成本。

需要明确的是，提出这个问题并非意在鼓励我们进行更多的变更。因为并非每项变更都能降低系统的持续维护或运营成本，而且这很可能也不是我们考虑的大多数变更的目标。问题的关键在于，人们往往过于关注直接成本，而忽视了持续成本。因此，问问自己关于持续成本的问题，可以帮助我们克服这种思维惯性。

6.5 我能接受这个变更吗

我们常常需要做决策，但决策的内容不是要不要变更，而是要进行哪些变更。这类决策通常需要在即时性和质量之间做出权衡，其中质量是所提议变更的各种属性的主观衡量标准。例如，相较于添加新的、更通用的行为，添加特例到系统中可能会被认为是“低质量”。

当面临此类决策时，人们很容易倾向于一种折中的方案：先进行快速但质量较低的变更，再进行耗时但效果更佳的变更。然而，这种折中的弊端显而易见：团队需要承担比单独执行任何一种方案都要更大的工作量。事实上，没有哪个团队愿意在本来只需完成一次的情况下，对同一任务进行两次重复的劳动。

折中的意义在于，它能够在兼顾效率（快速部分）的同时，确保从长远来看实施的质量（缓慢但更好的部分）。理论上，这可以同时满足争论双方的需求，但实际上却难以奏效。

这种方法行不通，因为团队无法对未来的工作做出承诺。产品开发团队总会面临新的资源需求，例如有无穷无尽的新功能需要编写、有新技术需要采用、有缺陷需要修复以及有优化需要完成。任何承诺未来会进行的"昂贵但更好"的工作，最终都将不可避免地与这些日常工作争夺资源。而大多数情况下，其他工作才是真正更重要的——尤其是在第一个变更已经完成的情况下。

这并不意味着你不能选择快速但质量较低的方法。但选择这种方法意味着你必须接受它的后果：你可能没有机会重新审视它，因为总会有其他更重要的事情要做，所以你将不得不忍受使用这个快速但质量较低的方法。如果你可以接受这样的结果，那么你可能一开始就不需要昂贵但质量更好的方案。

架构团队似乎常常觉得这个问题特别棘手，这可能是因为昂贵但质量更好的方案能够满足他们追求高质量工作的渴望。质量更高的作品可能更优雅或更具创新性，或者仅是让开发者自身感到更加自豪。这种情况可能导致架构师在昂贵的方案上加大投入，甚至拒绝采用廉价但不太理想的方案。领导者们也许会承诺稍后再考虑，以此来"安抚"架构师，即使他们无法兑现这样的承诺。

为避免此类情况的发生，需要强调的是，架构师也需对最终决策负责。尽管放弃昂贵但质量更好的方案可能会令人失望，但现有的机会是改进快速但质量较低的方案，以实现既满足需求又能使成本可控的目标。换言之，架构师应努力在两者之间找到平衡点，即成本适中且可被接受的设计方案。一个高效的软件架构团队会在资源和时间限制内做出不损害系统完整性的决策，这样的决策才能被所有人接受。

技术债

选择低质量的变更常常被比喻为承担“技术债”。类似地，一个更高质量的替代性变更可以偿还这种技术债。团队可以记录他们所承担的债务。从理论上讲，“技术债”更像是一种会计机制，用以核算那些承诺“稍后解决”的事项。

不幸的是，将“技术债”与金融债务进行类比，会产生极大的误导性。当你承担“良性债务”时，例如一笔小企业贷款，实际上是在进行一项预期会产生回报的投资，这些收入将在未来用于偿还债务。你所做的，例如购买设备或雇佣员工，都会增加企业的价值。而技术债则不然。

这与技术债核算的工作原理背道而驰。承担技术债并不是在借款进行投资，你只是在累积由于低质量实施而欠缺的投资。投资可以产生回报，而低质量的实施则会导致维护成本的增加、运营成本的增加、中断和缺陷的增加，从而产生额外支出，这使得以后偿还债务变得更加困难。

如果将软件开发中的问题比作“债务”是恰当的，那么技术债就好比是超出支付能力却依然用信用卡预支以享受的假期。有些人最终会清偿信用卡的债务，但也有许多人不得不宣布破产。

6.6 犯错的代价是什么

当面临抉择时，我们很容易认为必须找到正确的结果。事实上，我们常常假设存在一个正确的结果。然而实际情况往往并非如此。

当然，结果可能更好也可能更糟，但在许多情况下，它们只是不同而已。在讨论属性、类、服务等的命名时，经常会遇到这样的问题。命名固然重要，但它并非像数学方程式那样只有一个正确答案。可以确认的是，具有误导性的名称显然是不可取的，但当两个名称都是合理的选项时，选择任何一个都不会造成损失，因为它们同样有效。

这种对错框架的第二个问题在于它忽略了结果的长期性。诚然，有些决策很难改变，应用程序的主要编程语言就是这样的例子。这类决策很少改变，而且我们通常会无限期地接受这样的决策。

然而，大多数决策的适用范围较为狭窄，并且是在不断变化的动态系统中做出的。如果一个决策在将来可能被重新讨论或修改，那么我们就不应该在当下花费过多的时间和精力。毕竟，过度投入在一个时效性只有短短几周或可以轻易更改的决策上，并不是对时间和精力的合理分配。这些宝贵的资源本可以被投入其他更有价值的地方。

一旦我们意识到这一点，就可以换个角度来看待正确与错误：如果我们选择了错误的答案，会有什么后果？如果这个错误很容易弥补，那么我们或许应该快速做出决策，并在之后根据需要进行调整。事实上，对于一个改变成本较低、不确定性高的决策而言，即使之后可能需要调整方向，先选择朝一个方向进行尝试也比追求做出完美决策更好。

高效的软件架构团队深谙决策失误的成本，因此不会在易于纠正的决策上过度投入。相反，他们会将宝贵的时间和精力集中于那些一旦做出就难以更改的关键决策。

6.7　我能有多大把握

尽管你已经完成了大部分决策清单上的内容，但仍可能发现自己对最终结果不完全确定。或许你还有时间做出决策，并不担心在此期间发生了什么。你已经收集了大量信息，但尚无定论。你的面前有两个选择，这两个选择看起来都不理想，但都需要长期忍受。这种情况确实存在，并且很可能会成为决策过程中的泥潭。

在这个阶段，你需要思考是否还能提升决策的确定性。投入更多的时间、收集更多的信息、寻求更多的选择或进行更深入的分析会有所帮助吗？通常情况下，这些做法带来的收益都是递减的。在决策初期，你就能获得决策所需的大部分确定性。将决策时间延长可能有所帮助，但除了最琐碎的问题之外，你永远无法获得百分之百的确定性。

事实上，决策总是在知识不完整和缺乏绝对确定性的情况下做出的。你或许认为自己已经掌握了全部的信息，但更有可能的情况是，你并不知道自己还有哪些信息尚未掌握。当我们意识到仍然存在不确定性，知道我们有可能犯错，并且可能需要在未来重新审视自己的决定时，做出决策无疑会让人感到不安。然而，我们最好的应对方式不是追求绝对的确定性，而是要认识到绝对确定性是不可能实现的。虽然没有人喜欢这样，但如果决策的责任在于你，你就需要勇敢地做出决定，并在接受这些风险的同时继续前进。

这并不是鼓励做出鲁莽、轻率或不明智的决策的借口。等待有时会带来新的信息，而花时间仔细思考则可能获得最初缺乏的清晰思路。如果你感觉某个决策存在很大的不确定性，就应该花时间收集更多信息，进行更深入的分析，以改变这种状况。在不确定的情况下继续前进，并不意味着要草率行事，而是要认识到绝对的确定性在现实中往往难以实现。

6.8 这是我应该做的决策吗

本章迄今为止着重探讨了可帮助指导决策过程的问题，其适用于任何决策者。这些问题关乎可能阻碍决策者做出决策的因素。无论采取何种方式，都需要妥善解决这些障碍，并最终做出决策。

然而，在做出决策之前，你还需要思考一下这个问题，即这项决策是否应由你来做出。理想状态下，清晰的责任划分和完善的工作描述会让这个答案一目了然。如果你有幸得到了这样的工作，请务必告知我，我也想要尝试申请一下。

作为架构师，我们有责任做出与标准、原则和其他架构性问题相关的决策。在大多数情况下，我们拥有决策权。当然，我们会收到来自外界的输入（例如需求），这些输入会限制我们的决策，但最终如何满足这些需求仍然取决于我们自己。

然而，有些决策的影响超出了架构本身。举例来说，我们可能想要用到第三方的服务或软件，而这通常会涉及合同和费用的问题。当然，这并不意味着我们就应该排除这类方案，而是需要将决策圈扩大到其他相关人员。

当面临影响范围更广、涉及更多利益相关者的决策时，就需要考虑是否应该采用正式的决策框架。一方面，正如前文所述，对于小型决策而言，此类框架会带来过多的额外负担；另一方面，这类框架强加的结构设计目标，是处理涉及复杂权衡和不同观点的复杂决策。

例如，有些组织会采用某种形式的责任分配矩阵来明确重大决策的参与者及其角色。如果你是最终决策者，那么你将扮演“批准者”或“责任人”的角色。如果你负责推进某项决策，而另有其人担任批准者，那么你则扮演“建议者”或“推动者”的角色。此外，根据具体情况，责任分配矩阵中还可能包含其他角色，例如被咨询者、知情者、需要审查者、需要提供意见者、需要签字确认者等。

部分决策需要上报，而另一些决策则可以授权下放。如果你对某个子系统负有架构的责任，那么该决策是否可以由特定的服务或软件库的所有者来做出？如果你负责某个库，那么该决策是否可以由负责相关类或函数的工程师做出？找到这些授权的机会是很有益的。

下放权力的首要好处在于，它能够为你腾出时间。作为管理者，必然有许多工作需要处理，你需要设计一些只有你才能做出的决策。当你发现某些任务可以授权给他人负责时，不妨果断地放手，将时间和精力集中在更重要的事务上。

授权对他人的意义不容忽视，尤其对于团队中相对资历较浅的服务负责人而言，评估和决策的过程本身就是宝贵的学习经历。因此，在授权时，我们不能简单地将任务交给他人，更需要提供必要的背景信息，解释授权的原因，并在必要时提供指导。最终使他们能够独立完成工作，实现个人的成长。

这两种模式——向上汇报和向下授权——之间是相互关联的。你可能今天要将某个问题上报给主管，而明天工程师就会将另一个问题上报给作为架构师的你。团队如果能够将决策转移到合适的层级，最终就能做出更好的决策。

6.9　决策是否符合要求

有些决策影响重大，涉及众多利益相关者，并会对成百上千人的工作产生影响。这些决策关乎产品收入的增长或下降，还会使公司和组织做出长期投资或建立合作伙伴关系等。这些决策意义重大，且影响广泛，决策过程清晰可见，无论人们对其是否认同，都能看到决策正在制定过程中。

软件开发过程会涉及无数的决策，小到“ for”循环中的固定条件、函数名称，大到架构原则、子系统边界，都需要一一仔细斟酌。这些决策是工程设计过程的核心，是工程得以实现的关键。

显然，上述决策大多并非“重大”的决策。我们无须为评估“for”循环和“do-while”循环的优劣而召集利益相关者，起草一份提案。但对于那些影响深远的重大决策，我们理应投入时间和精力，深思而后定。本质上，决策过程的投入应与其影响力相匹配。如果一个团队在细枝末节上耗费过多时间，必然行动迟缓，顾此失彼。

本章的问题就是针对这些不同的规模而设计的。对于规模较小的决策，你可以当场快速做出判断，无须咨询他人。如果无法快速做出判断，则意味着该决策可能具有更大的影响，需要给予其应有的考量。

然而，无数看似微不足道的决策，往往是在快速且未经充分协商的情况下做出的，但它们的累积效应却不容忽视。事实上，这些决策介于“重大”决策与体现产品的算法、代码以及数据结构之间。

鉴于这一现实，每项决策，无论多么细微，都应该与产品的架构原则和技术愿景保持一致。这种一致性至关重要，它能够确保成千上万个局部的决策最终汇聚成一股力量，推动产品朝着既定目标前进，而不是相互掣肘或背道而驰。所以在做出任何决策之前，请务必审慎思考：它是否符合产品的架构原则和愿景？

6.10 应该将决策记录下来吗

以我的经验来看，没有什么比尝试将决策过程记录下来更能使其清晰明了。很多时候，一些想法在我脑海中酝酿时看似清晰，但当我尝试将其付诸笔端，却发现它漏洞百出。这种情况恰恰说明，我还没有做出一个真正清晰且逻辑自洽的决策。

的确，在做出决策之前就考虑记录决策的过程，而非事后再进行记录，将有助于你解答许多需要解决的顾虑和问题。尽早开始起草这份文档，可以为你提供一个绝佳的时机，帮助你在决策过程中梳理思路。

话虽如此，但我不建议过度使用决策文档，即仅为了记录决策而存在的文档。在任何可能的情况下，请将你的决策文档作为一些更大工具的一部分来记录，例如变更提案、架构规范、设计文档、愿景文件，甚至代码注释。将决策文档留给那些无法将决策与其中之一打包在一起的情况实属罕见。

此建议重点在于实用性。团队决策的制定无时无刻不在进行，其规模可大可小。显然，为每个决策都单独创建一份决策文档是不切实际的。如果其他一些文件（无论是代码或其他文档）已经包含了决策的背景、内容和利益相关者，那么再去单独创建一份决策文档就没有必要，也没什么价值。

例如，第5章介绍了变更提案，架构团队可以通过该机制提出、评估和决定实施哪些变更。变更提案不仅是一份决策记录，其还记下了提案的内容、相关背景信息、利益相关者、考虑的事项等。每个提案最终都会被批准或拒绝，变更提案本身就可以记录这个决策，而无须单独的决策文档。如果你围绕变更提案（参见第4章）组织架构工作，并遵循第7章中讨论的实践方法，你会发现很少需要单独的决策文档。

架构决策记录

一些团队习惯采用“架构决策记录”（后简称ADR）[8]，并将这些记录集合起来形成系统的架构文档。ADR与第4章介绍的变更提案有一些相似之处，但其强调对已做出的决策进行记录，而变更提案则侧重于对潜在的变更进行试验。

当团队过度依赖ADR时，就会将记录者的便利性与读者的便利性对立起来，因为作者现在必须将决策记录在案，而读者为了理解系统架构，则需要通读所有ADR才能理解系统的运作机制。更糟糕的是，由于后期的决策可能会推翻先前的决策，读者还必须自行梳理这些变更。这就好比试图通过逐个查看提交到代码仓库的变更记录来理解源代码，而不是直接阅读应用了所有变更的最新版本的代码。

技术文档应始终以读者为中心进行优化，因为读者比作者要多得多。如果团队使用ADR，请务必在每次决策后更新系统规范。与变更提案类似，如果记录完成后便无人问津，则说明记录工作已达到预期效果。

6.11 总结

决策无时无刻不在发生，并不局限于架构领域。在工作中，我们往往专注于事实。然而，就像任何可以重复的流程一样，关注决策流程本身可以帮助我们更好地做出决策。善于决策本身就是一项技能，是可以培养和发展的。

相比于本书所描述的决策流程，少数重大的决策需要比本书所述更为正式的流程。这类决策可能需要单独追踪，并需要记录和正式批准。然而，大多数决策既不需要也不会接受此类审查。本书提出的问题可以快速应用到每项决策中，请务必谨记于心。

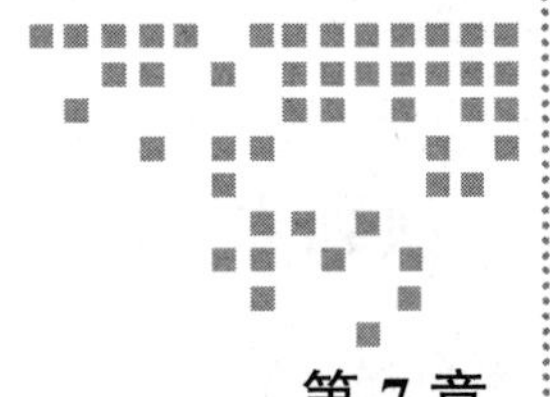

第 7 章 Chapter 7 实践

软件架构的构建或许是一个高度抽象化的过程，但它并非将抽象思维直接转换为代码。一个高效运作的架构实践会借助一系列的工具和流程，将架构设计思想逐步转化为可执行的代码。在此过程中，会产生一系列的中间成果。这些成果不仅能帮助架构师更好地完成工作，还能协助架构团队有效地管理项目活动，并促进团队与其他职能部门、组织以及领导者之间的协调与沟通。

本章将介绍一些重要的架构实践，并探讨其运作机制。这些实践不仅支撑着前几章中讨论的变更、设计和决策活动，还引入了这些实践所支持的一些新的方面和行为。关于如何创建、组织和使用这些成果，将在第 8 章中进一步阐述。

这里仅按功能来引用工具，并不涉及具体的品牌或供应商。原因在于，可用的工具可谓日新月异，任何具体的推荐很快都可能过时。此外，不同的团队也需要根据自身的行业、雇主、管辖范围等因素来考虑工具的可用性。总而言之，你无须依赖任何特定的工具也能够获得成功。

充分利用团队现有的工具通常是更明智的做法，尤其是当团队成员和利益相关者都熟悉这些工具的时候。如果架构团队坚持使用与产品经理、工程师和其他同事不同的工具集时，他们就会与这些至关重要的伙伴产生隔阂。当然，这并不是要剥夺团队使用有价值的工具的权利，而是建议在采用新工具时，应着重考虑那些能够带来显著差异化优势的工具。

7.1 待办事项列表

正如第 4 章所述，架构团队应以架构待办事项列表的形式记录当前、过去和未来的工作。将待办事项列表结构化并使之成为一组变更提案，还可以通过让这两者直接对应来简化流程管理。接受或拒绝变更提案的决策直接对应于待办事项列表的更新。反之，通过查看待办事项列表，可以轻松掌握正在进行的变更数量、等待处理的变更数量等信息。

变更提案并没有理想的规模或范围，因为变更本身就具有多样性和复杂性。例如，一个简单的提案可以是为现有 API 调用添加一个新的可选参数（如果 API 或参数由架构团队管理，那么这仍然属于架构变更）。而一个复杂的提案则可能需要重构现有服务或添加新的子系统。我们将在之后讨论如何根据变更的幅度来调整流程。对于待办事项列表，关键在于记录每一个项目。

相关的提案应当联系在一起。举例来说，假设你已经创建了三个提案，每个提案都针对“为应用程序添加新功能”提出了不同的实现方案。选择其中一个方案则意味着放弃其他的方案。在待办事项列表中维护这些关联关系，可以帮助你清晰地了解每个决策的潜在影响，并加以有效管理。

如果你将团队的所有工作都建模成变更提案，那么待办事项列表将变得更加有效。无论是更新愿景、采用新的架构原则，还是切换用于维护待办事项的工具，都可以记录成变更提案。当你养成以这种方式组织所有工作的习惯时，不仅可以统一应用工具（例如待办事项列表），还可以始终如一地使用流程和决策技能，从而提高工作效率。

人的思维方式决定了，当我们身处变化之中时，各种相关的想法会自然而然地涌现出来。有些想法可能很普通，例如你意识到天色已晚，却忘记倒垃圾了。有些想法可能相关但让人分心，例如你可能意识到刚发现的问题也许会影响接下来要应对的变更。还有些时候，这些想法会令人大吃一惊，因为这些洞察力正是人脑内在创造力的体现。然而，无论是平淡无奇还是天马行空，这些想法都可能会分散你对手头工作的注意力。

待办事项列表的功用在于记录需要完成的工作，并帮助我们确定下一步的行动。更重要的是，它可以被视为一个共享的外部记忆库。当新的想法涌现时，我们可以将其添加到待办事项列表中，然后暂时搁置。一旦某个想法被记录下来，你就可以把它放在一边，然后将注意力集中到手头的任务上。待办事项列表就像一个可靠的记忆助手，帮助团队暂时忘记那些尚未到执行阶段的想法。此外，与容易出错的人类记忆相比，它具有完美的回忆能力。

一个忙碌的架构团队，其待办事项列表中很容易积累数百项任务。在团队专注于其他重要的事项时，这些任务会暂时搁置。一个合适的工具应该能够至少容纳这么多的项目。理想的情况下，为了便于搜索或排序，每条记录都应该包含优先级、状态和其他条件等独立字段。问题跟踪工具通常能够很好地满足这类需求。

记录这些事项时，清晰完整的描述至关重要。我们记录的目的是日后回顾，但这可能发生在几天后、几周后甚至是几个月以后。因此，过于简短且缺乏上下文和细节的记录并不能有效地帮助记忆，回顾的价值也就十分有限。当然，这并不意味着每个事项都需要像小说一样具有冗长的描述，但至少保证一段内容完整、逻辑清晰的段落，才能让记录发挥它应有的作用。

与任何工具一样，团队也必须养成使用它的习惯。在日常工作中，团队中的成员会不断提出需要记录的项目。他们通常会积极分享这些想法，例如走到你的工位旁进行讨论，或发送邮件给整个团队。对此，你可以用一句“好主意，我们把它添加到待办事项列表中”来回应，并引导他们将想法记录到合适的清单之中。

通过将所有项目添加到待办事项列表中，我们可以有效记录这些项目，并推迟对它的评估。无论你认为某项任务至关重要还是无足轻重，都请将它添加到待办事项列表中。当你能够不受其他因素干扰，进行批判性和理性思考时，再回头对这些项目进行评估。

当然，要使待办事项列表发挥作用，就必须定期对其进行回顾。这通常发生在你添加新的待办事项时。当考虑“我们应该实现某某”时，你会为此兴奋，并立即开始添加这个新的项目。在你点击添加之前，请花点时间检查一下“实现某某”是否已经在列表中（任何一种工具的基本搜索功能都能帮你快速确认）。如果该项目已经存在，请对它进行仔细审查。你可以扩展论点、修改描述或添加更清晰的内容。无论如何，防止重复的条目有助于保持待办事项列表的简洁有序。

即使是曾经考虑过并拒绝的项目也应该保留在待办事项列表中——切勿删除！建议使用支持“已关闭”或“已解决”等状态的工具，以便区分已完成和未完成的项目。例如，去年提出的“执行某某”的方案即使被拒绝，也不意味着不能重新考虑这个想法。此时，团队可以利用共享的外化记忆，共同判断是否需要以及为何需要重新审视该方案。

随着工作的进展，应该更新并定期审查正在积极推进中的待办事项。此时，一款能够跟踪每个事项状态的工具将会是一个理想的选择。借助手头上准确的状态信息，领导者能够每周检查正在进行的事项，并了解它们的进展情况。例如，一项提案是否即将完成？你可能需要预留时间进行审查。如果一项提案未能按计划完成，你或许需要检查一下工作内容，找出影响进度的因素。当团队成员积极推进各项工作时，他们可以借助这种外化的记忆来保持对日常进度和变更的了解。

你还需要跟踪下一步将要处理的项目。对于一个包含数百个项目的待办事项列表，只需关注其中 5 ～ 10 个即将要进行的变更。如果你的项目按照一个较大的计划周期或者一个维护路线图来运行，就应该能够从中获取关于接下来要进行哪些变更的信息。如果并非如此，你可能需要每月定期整理即将开展的项目。无论采用哪种方法，目标都是确保架构师在完成当前任务后，能够顺利地找到并开始下一项任务。

我们需要定期进行工作整理，就像是一个大扫除。我倾向于每年 3 ～ 4 次与团队一起抽出一些时间，集中回顾那些暂时搁置或“待处理”的项目。由于其他项目已经在定期跟进当中，所以我们无须再做额外的审查。针对这些待定的项目，我们会逐一进行讨论，并提出以下问题：

- **此项目是否仍然相关？**系统可能已经更新，或者其他决策已导致它过时。如果情况属实，可以将它关闭。

- **我们是否需要现在解决这个问题？**我们记录这个项目，是因为我们认为将来某一天需要处理它。现在或许时机已经成熟，我们可以考虑将它移至“待处理”列表中。当然在实际操作中，一次可以激活的项目数量是有限的。

- **还有哪些项目与此项目相关？**在向列表中添加项目时，我们应检查是否存在明显的重复，但审查过程也常常能够发现相关的项目集群——这些项目之间彼此相关，甚至可能具有不同的来源。对此，我们可以考虑将多个项目合并为一个，或将它们关联起来，以便在日后查看某个项目时，也能关联到其他项目。

定期审查还有助于强化一个认知：将事项记录在清单上并不意味着将其抛诸脑后。相信这些事项会被重新审视，能够有效地保证待办事项机制的运作。

另一个查阅此列表的良好时机是在进行规划之前，无论是严格意义上的架构设计，还是针对产品或平台的更广泛的设计。规划周期为架构团队创造了一个机会，让团队确定需要完成的工作并留出充足的时间。如果你已经将这些想法记录在你的外部记忆库（备忘录）中，它们便会随时为你所用。

7.2　目录

待办事项列表实质上是变更提案的汇总目录。正如对变更提案进行分类整理十分重要一样，架构团队同样需要对软件组件和数据模型建立清晰的目录。

软件目录记录着系统组件及其相互关系。根据所构建系统类型的不同，这些组件可以是软件库、服务、应用程序、框架、数据库等。每个条目至少应包含组件的相关元数据，例如类型、技术依赖以及与其他组件的关系。此外，还可以包含指向文档、负责人、运行手册等的相关链接。

数据模型目录记录了系统所处理数据的相关信息，包括数据类型、实体类型及其相互关系。根据系统及其所使用的技术，这些信息可以使用抽象的数据建模语言、模式或格式规范来加以描述。

软件和数据模型目录为系统的当前状态提供了额外的文档说明。也就是说，它们是对支持变更过程的任何非结构化系统文档的补充，用于记录系统的当前状态。

由于这些目录不像待办事项列表那样频繁变更，也不收集相同的元数据，因此无须使用与维护待办事项列表时相同的工具来创建和维护它们。但是，如果你可以维护条目与其相关变更提案之间的链接，那就非常理想了。在许多工具中，每个条目都具有唯一的 URL[⊖]，维护这些关系就像在相关条目中记录 URL 一样简单。

7.3 模板

高效的架构团队会将大量时间投入与变更相关的工作中。团队完成变更的效率，对团队的工作效率有着至关重要的影响。

变更提案，包括相关的图表，都应当以书面文档的形式进行记录。对于大型项目而言，团队在几年内可能会编写出数百甚至上千份此类文档。因此，寻求更高效的方法用来创建和审批这些文档，能够对团队的工作效率产生显著且积极的影响。

按照通用模板来编写这些文档，可以加快这一过程的各个方面——这不仅体现在文档的编写和评审上，甚至还包括设计本身的创建与修改。模板为作者提供了现成的框架，省去了构思文档结构所需的精力，从而提高了写作效率。如此一来，作者便可以将更多的时间和精力集中于记录设计本身。

模板在评审过程中同样具有优势。与编写相比，文档阅读的频率更高，因此我们希望优化审阅者宝贵的时间和精力，使其专注于设计本身，而非解读文档的结构或组织。当所有的文档都遵循统一的格式时，审阅者的认知负担将得以减轻。

优质模板最有价值的一点在于，它可以作为工作本身的检查清单。当作者逐步完成模板中的每个部分时，他们实际上是在逐一“核对”设计的各个方面。因此，模板应该涵盖架构团队期望的全部属性。这些属性可能不尽相同，但安全性、隐私性、可靠性以及其他质量相关的属性通常都会存在于这些模板中，原因就在于此。

无论是对于作者还是审阅者，模板强制要求的一致性都有助于弱化结构带来的影响，并将文档本身的核心细节凸显出来。一份合格的文档应该包含以下基本部分（项目检查清单）：

- ❑ **状态**。任何浏览过文档库的人都会遇到难以确定文档状态的情况，哪些是最新版本、哪些已过时、哪些正在进行或者已被废弃。因此，准确跟踪和维护文档状态信息至关重要。建议将文档状态信息置于其顶部，以便读者快速判断是否

⊖ URL（统一资源定位符）是互联网中的唯一资源的地址。理论上说，每个有效的 URL 都指向一个唯一的资源。——译者注

需要继续阅读，避免将时间浪费在几年前就已被弃用的设计方案上。

- **摘要**。每篇文档都应以简明扼要的概述作为开头，阐明编写的动机和概念方法。换言之，要明确研究的问题以及解决方案。概述应力求简洁完整，后续内容均为对概述的详细阐述。

如果你所做的变更还处于动机或概念阶段，那么你只需要阅读前两部分的内容。当你进入详细设计阶段时，才需要考虑其余部分的内容：

- **术语**。无须记录项目中已存在的术语（相关内容应该已记录在词典中，参见第 8 章）。然而，如果设计中引入了新的术语，则应先在此处进行定义，然后再用于设计中的其他部分。
- **详细设计**。此部分提供设计的各主要元素的详细说明，应针对每个主要元素重复此部分。对于结构简单的文档，一个“详细设计”部分即可满足需求；但对于较为复杂的文档，可能需要多达五个或六个“详细设计”部分（如果设计内容过于繁杂，建议将一次变更拆分为多个）。
- **可靠性**。可靠性是一个统称，指的是系统在整体上实现其可靠性、弹性、性能、规模和相关目标的能力。换言之，它描述了用户可以在多大程度上依赖该系统正确执行其功能。此部分应描述系统的可靠性程度以及如何实现这一目标。
- **安全与隐私**。架构师必须始终将安全放在首位，并日益重视适用的数据保护和隐私问题。此部分应描述相关的问题，并说明如何解决这些问题。
- **效率**。此部分主要针对云计算服务，重点考察系统在其预期规模下的经济效益。随着系统使用量的增长，单位成本是保持不变、上升还是下降？
- **兼容性**。大多数文档都会描述对现有系统进行的变更，因此需要解决这些变更与现有软件元素和数据的兼容性问题。此类问题不仅存在于系统内部（在系统内部可以进行相关的变更和数据迁移），也存在于系统外部，包括可能依赖于现有接口的客户端。
- **影响**。此部分应以列表或表格的形式，总结受此变更影响的组件和其他部分。请注意，此部分不应引入任何新的内容，仅需要突出显示和总结文档其他部分已陈述过的信息，以便使这些信息一目了然。

- **签名。**大多数文档都需要经过某种形式的审批。根据我的经验，鼓励审批人认真对待审批责任的最好方式就是在文件中写下他们的姓名。虽然这种方式可能不像约翰·汉考克的签名那样引人注目[⊖]，但却非常有效。

使用模板时，请记住它是一个清单，旨在提醒你应该关注的各个方面。你的文档可能并未涉及兼容性，例如在描述一个新的组件时，兼容性问题可能不适用。清单并非表格，无须填满每个空白之处。其目的是引导你思考每一个要点。如果某个要点并不适用，则可忽略而过。

正如前文所述，变更的规模可能会有很大差异。你的模板不应为小的变更而增加不必要的负担。根据经验，架构师应该能够在一个小时内完成对小的且易于理解的变更的记录。另一方面，该模板也应当能够支持包含多个主要设计元素的设计方案。

模板的应用范围并不局限于变更提案，尽管在变更提案中它们最能发挥其作用。你可能还会发现，模板对于愿景文件、目录条目等也很有帮助。

将模板视为部门 / 团队维护的标准至关重要。首先，使用模板应该是强制性的，而不是可选项。只有坚持使用清单或模板，才能充分发挥其效用。如果每次使用都过于烦琐，则需要改进模板本身。

将模板标准化还有一个值得注意的好处：模板会受到适用于其他所有工作的相同变更流程的约束。如果有人发现模板存在问题，应当提出相应的修改建议，将其记录在待办事项列表中，然后起草变更提案——当然这也要使用模板！

7.4 评审

变更评审流程的目的在于将变更推进到“已批准”的状态，当然，偶尔也会出现被“拒绝”的情况，这两种结果皆属正常，尽管后者可能不尽如人意。无论如何，一个可预测且有效的评审流程有助于提升团队的整体效率。

⊖ 美国《独立宣言》上共有 56 名国会议员签名。其中，约翰·汉考克将自己的名字签得很大，按照他的说法是“有人不戴眼镜也能看到我的名字”。于是约翰·汉考克的签名就成了爱国主义和面对暴政的反抗的代名词。——译者注

架构师的核心技能固然是开发系统架构。但我逐渐意识到，参与评审的能力也同样重要。当进行变更时，架构师应当积极寻求评审意见，并虚心听取和接受反馈，以改进和阐明变更内容。而作为评审者，架构师则可以通过建设性地分享反馈，将自身的技能、知识和经验运用到更广的范围。评审本身不能创造变更，但缺少了评审，变更也就无法达到最佳的状态。

一个有效的评审流程需要融合四个关键要素：共同的评审基准、充足的思考时间、充分的讨论时间以及多元化的思想碰撞。

为了确保所有参与评审的人员都对工作内容有着相同的理解，包括变更的动机和概念方法等，我们应建立共同的基准。而实现共同理解的最佳方式是书面描述变更内容。首先，书面记录（最好使用模板）可以鼓励作者进行全面、准确的描述。其次，只有通过书面文档，我们才能确保每个人在工作中使用的都是相同的信息。此外，使用标准化、定义明确的术语也有助于提高文档的写作质量。

变更提案提交后，评审人员需要一定的时间进行思考。因此，建议评审流程的第一阶段以异步方式进行，即避免在会议上进行评审。在许多组织中，团队分布在不同的地理位置和时区，异步评审方式能够让每位评审人员在各自方便的时间参与进来。此外，异步评审也为部分参与者提供了更为舒适的环境，让他们无须在会议上“当场”作答，而是可以有更充裕的时间进行思考并给出反馈。

变更提案应通过支持多线程评论和通知功能的系统来进行共享，例如 Wiki[⊖]。这些功能是异步评审的基本功能，并且在各类工具中广泛应用。因此，我们没有理由不使用这些功能，否则评审过程将难以有效地执行。文字处理器、Wiki 和代码仓库等工具均可提供此类的功能。此外，尽管我们不应强制要求每个人对每个变更都予以评论，但高质量评论的数量能够很好地反映出文档的明晰程度以及评审人员对文档的理解程度。

异步评审的最大挑战在于如何有效地收集并处理每一条评论。为了尽可能简化这项工作，每条评论都应以独立线程的形式呈现，且每个线程仅针对单一评论进行处理。

⊖ Wiki（常译作“维基”）是一种可通过浏览器访问并由用户协同编辑其内容的网站。Ward Cunningham 于 1995 年开发了最初的 Wiki。他将 Wiki 定义为“一种允许一群用户用简单的描述来创建和连接一组网页的社会计算系统”。——译者注

即使反馈意见是相关的，也应避免在现有线程中添加新的内容。由于并非所有人都熟悉此流程，因此，请务必指导文档作者和评审人员如何有效地进行评论。

若评论中提出了修改建议，而且作者也同意，则作者应进行修改并回复。评审人员确认修改后，若修改无误，则将评论标记为“已关闭”。建议设置一个截止时间，例如 5 个工作日，到期后作者可自行关闭评论，避免评审人员不回复而导致流程停滞。

如果评审意见仅针对无关紧要的错误，例如拼写错误，建议考虑允许评审人员直接修改。我个人倾向于采取这种方式，因为在一个评论线程中讨论细枝末节的错误会造成不必要的开销，而且允许评审人员直接修改可以增强他们对文档的责任感。归根结底，评审意见反映出来的是作者和评审人员的水平，没有人希望看到其中充斥着错别字或语法错误。

但其他一些评审意见的处理可能更为棘手。部分评论可能存在跑题或超出讨论范围的情况。遇到这种情况时，应在架构待办事项列表中记录相关问题，并将评论标记为“已解决”。尽管问题本身尚未得到解决，但此举重点是要避免将需要在不同时间线解决的其他问题强加于当前提案。

接下来，我们就要处理那些代表着作者和评审人员之间存在重大分歧的意见。如果一条评论线程的回复总数超过四或五条，就应该将讨论移至评审流程之外。最有可能的情况是举行一次评审会议。

举行评审会议是对异步评审的有效补充，使评审人员可以通过现场讨论的方式进行更深入的交流。评审会议可以服务于不同的目标，并且根据评审工作的实际进展情况，可能需要召开多次会议，分别针对不同的挑战进行讨论和解决。

正如前文所述，召开评审会议的首要原因在于，当异步评审难以解决一个或多个问题时，面对面的会议能够更有效地应对。尽管异步评审具有其自身的价值，但关于在合理时间内解决分歧，其效率仍存在局限性。而现场讨论则可以极大地促进沟通，加速问题的解决。

举行评审会议的第二个原因在于鼓励参与。会议安排本身就体现了对参与的重视。如果明确要求所有参会人员都必须做好充分准备，那么即使是尚未仔细阅读设计方案的评审人员也会因此提前准备。此外，这也是向所有相关人员征求意见的机会，无论他们是否已经阅读过设计方案、发表过评论或贡献过意见，都可以借此机会发表自己的看法。

会议有助于鼓励多元化的思想碰撞，这一点难能可贵，但也要注意引导这些想法的表达。如果没有强有力的主持，会议很容易被那些善于表达和思维敏捷的人士主导。主持人可以通过逐一积极征求每位与会者的反馈来避免这种情况，确保每个人都有机会表达自己的意见。值得注意的是，在会议开始之前，所有与会者都已经完成了书面设计文档和异步评审，这为他们提供了充分的准备时间，以便在被要求发言时能够从容应对。

在进行设计评审会议时，应注意会议氛围。评审会议不应演变成争论不休的局面，讨论的焦点必须是设计，而不是人。同时，评审的目标并非建立一团和气的关系。事实上，如果会议过程中每个人都过度追求和谐，可能会降低提出不同意见的可能性。良好的团队关系固然重要，但这需要在评审会议之外投入时间和精力去建立。

7.5　状态

团队在项目进行时往往会产生多个变更提案。为了便于管理，建议将所有提案集中存放，并按照状态进行分类。正在进行的提案数量相对较少，建议单独存放，方便团队成员快速查找。已完成的提案可以归档至其他文件夹，并按照日期排序，便于日后查阅。

请确保在文档自身内部记录并维护每个文档的状态，并将状态字段纳入提案模板中。至少需要跟踪以下四个状态的设定：进行中、评审中、批准和拒绝。你可能会发现使用更多的设定来跟踪更细微的状态会很有价值。例如，一些团队会使用“搁置”状态来表示暂时搁置但预计会重新处理的提案。

上一节描述的评审流程适用于处在“评审中”状态的提案。尽管我鼓励大家在开放的环境下工作，但“进行中”这个状态意味着作者尚未准备好开始评审流程。这可能是因为设计尚未完善，或者仍在进行重大调整。无论是哪种情况，此时进行评审都可能会浪费评审人员的时间。

同样重要的是，要让参与者了解这一切。一旦文档获得批准，就不能再对其进行评审。此规则可能会令那些希望进一步修改文档的人感到不满，无论他们是希望添加新功能，还是修正已批准提案中真实存在或他们认为存在的错误。要提醒他们的是，这是一个迭代的过程，如需进行进一步修改，那就提交新的变更提案。

你的评审流程还应明确每次评审的参与者及其职责。显然，每次评审都要有一位负责设计的作者。此外，你至少还需要指定评审人和审批人。

本着开放协作的精神，我建议采取开放式的评审人制度，即任何人都可以参与评审。虽然偶尔会出现个别人滥用特权的情况，但我们可以通过严格执行评审流程来将此类的负面影响降到最低。当然，如果你认为某些人凭借其经验或对该主题的熟悉程度特别适合审阅某一特定设计，那么你就需要明确地分配任务了。

不过，你应该将主要精力放在选择审批人之上。审批人是指设计稿在完成前必须签字确认的那个人。与评审人不同，如果审批人的意见与作者不一致，作者就不能简单地“求同存异”，除非审批人也对最终的结果表示满意。

你的审批人名单应包含对变更成功负有责任的人员。例如，团队成员提交的变更，特别是那些对系统架构进行重大修改的变更，我通常会作为审批人。通过承担责任并签署变更，我不仅批准了这些变更，还承诺将投入精力确保其成功实施。

审批人务必明确，批准变更意味着对结果负责。人们往往误解了这一角色，将批准仅视为对变更的纯粹评估（“足够好”即可），或将其视为流程中的例行公事（只是“打勾”）。当后期出现问题，而你的审批人却声称他们从未赞同过该变更、从未同意过，甚至从未阅读过时，你就会意识到这种误解的存在。这种情况对你、对审批人以及对整个项目都将造成不利的影响。

因此，一个优秀的审批团队应由 3 ～ 4 名与其目标实现存在利害关系的人员组成，具体人选取决于组织结构。至少，团队中应包含负责实施的人员，例如工程师或架构师。此外，如前所述，架构负责人也与这些变更息息相关。

基于同样的原因，我不建议设置超过 4 位审批人。超过这一数量，责任感——贯彻变更到底的承诺——就会被削弱。审批人往往只关注“自己的部分”，而忽视整体的变化，这对所有人而言都是不利的。如果实施过程涉及一个庞大的团队，那么我们需要的就是一两位领导者的承诺。

你可能会发现，这种模式会给工程和架构的领导者带来一定的压力，因为他们需要审批大量的变更。为了更好地应对，领导者可以且应该将部分评审工作委托给团队成员。这样的授权不仅有助于他们管理自身的工作量，更能让与结果息息相关的团队成员参与其中。

7.6　速度

产品型组织的运作受到时间进度和预算的约束。为了更好地支持这些目标，架构团队应该以可预测的方式开展工作。切勿将时间进度、预算和人员视为可以随意更改的约束条件。

与之相反，这些考虑因素应当成为流程的一部分。团队在开发新服务时，目标不应局限于寻找“最佳”的架构——如果没有明确的标准，“最佳”架构的定义最终将毫无意义。团队的目标应该是找到一种能够满足需求，并且团队可以在给定的项目参数范围内成功构建的架构。在设计流程中，架构成本、实施成本以及运营成本都应该加以考虑。

在进行估算时，我们要注意避免过度追求精确性，因为这很可能会导致事倍功半。当开始一项变更时，了解是否需要几天或几个月才能完成会很有帮助。同样，了解变更是否需要一个月或一年才能实施也很重要。但需要注意的是，这些都只是估算，因此 30 天和 31 天之间的差异并无实际意义。

制定粗略的估算无须花费太多的时间，并且之前收集的工作数据对此会很有帮助。变更提案在动机和概念阶段所花费的时间差异很大，因此跟踪这些时间线的用处并不大。取而代之的是，应该专注于记录详细设计流程开始的时间、评审开始的时间以及获得批准的时间。如果发现时间差异很大，可以尝试根据变更的大致规模将其分为三个类别。

当你着手一项新的变更时，建议参考现有数据进行分析，而不是尝试进行无依据的预测。回顾以往类似的变更案例，判断其规模是大还是中，或者是小，并分析它们分别耗费的时间。如果你一直坚持收集数据，那么这项工作用不了五分钟就能完成。

在进行估算时，无论是时间框架还是成本，都建议采用一定范围的单位来进行思考，这是一种通用的有效方法。举例来说，假设数据分析显示“中等”规模的变更需要 4 ～ 6 周才能完成。那么，在评估下一个类似规模的设计项目时，最好估计需要 4 ～ 6 周的工作时间，而不是直接给出 5 周的结论。这是因为当人们只看到一个数字时，他们的预期就会锚定在这一点上。虽然这种做法适用于测量，但估算却不是这样进行的。通过提供一个范围（即一对数字）作为估计值，可以让受众意识到其中存在的不确定性，而范围的大小则传达了不确定性的程度。

每个团队都有其独特的工作节奏和工作安排，因此无法概括出具有普遍意义的“典型”时间。我只能根据自己参与过的项目经验来谈谈这个问题。

鉴于此，在某个项目的架构设计过程中，我们详细记录了完成每个变更提案详细设计阶段所需的时间。通常情况下，完成一项“典型”的设计需要 4 ～ 6 周。利用这些数据，我们既可以为新的设计设定预期，也可以轻松地计算出团队的吞吐量（每个架构师通常同时进行两项设计）。

将时间安排表和预算纳入流程，其真正妙处在于能够形成一个反馈循环。例如，在我的团队评估设计时间并确定 4 ～ 6 周为典型的时长后，我们对详细设计阶段的可预测性便有所提高。我认为主要有以下两个因素促成了这种效果。

首先，明确时间范围有助于设定预期目标。这意味着，在启动新的详细设计工作时，设计者必须考虑预期的完成时间，而不能天真地以为可以随意支配时间。换言之，设计任务不再是“完成详细设计”，而是“在预设时间框架内完成详细设计”。设定明确的时间范围能够帮助设计者集中精力。

其次，“典型”需要有清晰的定义，才能使偏离规范的情况更加明显。例如，在详细设计工作的第 4 周，如果很明显无法按时完成工作，这就清楚地表明出现了偏差，需要引起我们的注意。导致这种情况的原因可能有很多，例如更高优先级的任务造成的中断、工作量过大、需求不明确等。此时，重点不在于我们是否知道具体的问题所在，而在于危险信号的出现本身就意味着存在偏差，这提醒我们要尽快查明原因。

无论如何，都要避免建立与合理时间安排相冲突的架构，这一点至关重要。如果你的概念方法需要三个月的详细设计时间，而你只有一个月的可用时间，那么请务必寻找其他可行的方法。当然，更高成本的方法需要更充分的理由。切记，选择更慢且成本更高的方法的架构实践注定不会有好的效果。

7.7　思考

产品开发离不开团队协作，因此我们投入大量时间用于协调工作（借助工具和流程）和沟通交流（书面和口头）。然而，最终决定产品成败的还是个人的贡献，而个人的贡献则源于我们深思熟虑的能力。当然，思考是需要时间的。

架构的本质在于协调不同的系统组件。因此，大多数架构师都会发现自己要花费大量时间来撰写文档、审阅文件以及开展沟通工作。诚然，时间上的巨大需求并非架构师所独有，但关键在于，系统中存在一种固有的倾向：我们很容易意识到必须将时间投入上述活动中，但却往往难以意识到并留出时间专注于思考，而这恰恰是架构设计的核心所在。

在思考个人日程安排和管理日历时，我们往往倾向于将其视为与他人协调的工具。试问，谁没有体验过与来自四个时区的十几位参与者安排会议的乐趣呢？许多日历程序都充斥着旨在简化这一过程的功能，但这却让我们误以为这就是时间管理的全部意义所在。

想要成为一名高效且富有成效的架构师，就必须留出时间进行思考。值得注意的是，尽管需要将想法记录下来，但直接动笔反而会阻碍思路。一旦思路清晰，你就会发现写作变得更加容易；而当你试图边思考边写作时，思考的过程反而会变得更加困难。如果写作不顺畅，最好的选择也许是暂时放下键盘，理清思路。

团队成员可以使用日历工具来安排思考时间，就像安排会议一样。鼓励甚至要求每个人都将思考时间写入日历，并标记为“专注时间”或其他类似的名称（团队成员可能需要商定一个共同的时间来确保该计划顺利执行）。我每天都会在自己的工作日历上预留专注的时间。如果每天的日程都被会议填满，那我还能完成什么工作呢？

如果你发现自己的工作时间被各种会议挤占，那么请务必排定优先次序。你可以使用时间管理矩阵 [9] 或其他类似的工具，评估每个事项的重要程度和紧急程度。

如果一件事情无关紧要，那就不要去做！这道理看似浅显，但在实际生活中却常常难以付诸实践。毕竟，有些事情虽然无关紧要，却很有趣，很吸引人，甚至会让人分心。为了判断某件事情是否真的不重要，我喜欢问自己：如果我忽略它，会发生什么？如果答案是“不会有什么不好的影响”，那么忽略它就是最好的选择。

你应该努力把重要且紧急的工作减少到最低限。处在这个状态下进行工作，你承受的压力最大，因此也最容易犯错。这类事项永远不会归零，因为它们通常是外生性的，可能无法预见它们的发生。尽管如此，它们出现的频率越低，你就越能更好地应对。

为避免陷入重要且紧急的工作，一个有效的方法是为重要但不紧急的工作预留充足的时间。这样做的好处在于，能够预先化解潜在的危机。我个人倾向于将此类工作视为制定预案并将其归档，以便在紧急情况出现时，能够迅速从我的（虚拟）文件柜中找到相应预案，并立即着手处理。

我深知实现这一点并非易事，因为许多组织的首要任务都集中在重要且紧急的事项上。但与此同时，架构设计也肩负着一项特殊的责任，即思考未来，预测那些尚未发生但未来会变得紧急的事项。正如架构设计定义中所强调的：指导架构设计和演进的原则。如果不在事前进行思考，那么何谈演进的原则呢？

7.8 总结

软件设计工作不同于工厂生产线的运作模式，它无法以稳定且可预测的速度完成。尽管如此，高效的软件架构团队会遵循一系列的实践方法，以确保组织能够达成目标，即在正确的时间交付正确的产品。

这些实践始于架构待办事项列表。架构待办事项列表作为变更提案的目录，记录了团队已考虑、已完成和已拒绝的所有变更，以及未来可能进行的变更。它跟踪当前的工作进度，帮助确保设计和评审按计划进行。此外，它还可以作为未来潜在工作的可靠记录，帮助团队将此类项目留待日后处理。架构待办事项列表还提供数据以帮助管理团队的工作速度。

软件组件和数据模型目录有助于记录当前系统，从而加速设计进程。模板能够简化新设计和完整设计的创建过程，并简化评审流程，从而进一步提升设计的效率。

评审是设计过程中不可或缺的环节。一个有效的评审过程应当包含异步和同步两种模式，并辅以相应的工具和流程进行支持。为确保评审工作顺利开展，需要对每个设计方案的状态以及每位参与者的职责进行跟踪记录并清晰呈现。

软件团队可以通过良好地管理实践——并为设计和评审留出必要的思考时间——来有效地确定工作范围并进行估算。这些能力使他们能够成为工程部门和其他人员的强大合作伙伴。

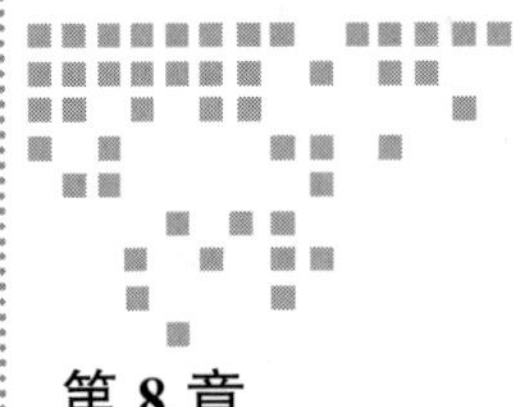

Chapter 8 第 8 章

沟通

架构实践的目的是定义和发展其所负责系统的架构。在前面的章节中，我们讨论了如何通过变更流程来管理一个系统的演进。该流程始于动机，进而形成概念方法，最终产生详细设计。我们还描述了愿景、标准、原则、目录、词典等如何支持这些实践。简而言之，架构实践会产生大量的信息。

但是，如何将这些信息有效地传递给你的同事、合作伙伴以及其他相关人员呢？当然，信息传递需要精准到位，确保每个人都能获取到其所需的内容，而不是将所有的信息传递给每个人。同时，信息传递的时效性也不容忽视。对于重要更新，我们应该主动推送给相关人员。而对于其他的信息，则可让他们根据自身需求进行检索。然而，有效的信息管理并非易事。想要弥合信息鸿沟，沟通成为关键所在，高效的软件架构实践也离不开高效的沟通实践。

书面文档是有效沟通的基石。无论是文档的作者还是读者，将想法诉诸笔端都能使其更加清晰，而这一点在对话和演示中往往难以做到。此外，书面文档便于随时随地使用，并且能根据需要灵活调整阅读的节奏。更重要的是，书面文档具有可扩展性，无论是面向一百人还是一千人，其传播效率都同样高效。

然而，沟通远不止于写作。作为架构师，我们追求的是通过沟通达成共识，而共识的实现离不开对话。在对话的过程中，信息是双向流动的，对话双方可以借此发现并弥合彼此理解上的差异，最终达成共识。

同时，更多并不总是意味着更好——过多的信息也可能成为理解的障碍。当信息缺乏组织性或可发现性，当术语使用不一致，或者当人们无法区分最新的信息和过时的信息时，就会出现这种情况。通过信息架构、命名以及其他实践来应对这些问题，将能够进一步促进沟通和理解。

最终，团队沟通的有效性需要通过其他人的反馈来验证。如果沟通效果不佳，可以参考软件设计迭代优化的方式，对沟通方式进行改进。由于每个人和每个团队都有其偏好的沟通方式，找到适合团队的沟通方式比遵循刻板的指导方针更为重要。

8.1 心智模型

当人们内化关于某个系统的知识时，他们会根据自己对该系统所体现的概念的理解，在脑海中构建一个心智模型㊀。随后，人们会利用这个模型来推断系统的运作机制。心智模型是人们理解周围世界的内在方式，并非软件所独有。

Don Norman 在其著作 *The Design of Everyday Things*[10] 中分享了一个关于冰箱心智模型的例子。他介绍说，冰箱通常有两个隔间：冷藏室和冷冻室。冷藏室负责保持食物低温但不结冰，而冷冻室则用于冷冻食物。此外，冷藏室和冷冻室都配有独立的温度控制器。

在 Norman 的冰箱心智模型中，冷冻室和冷藏室是各自独立运作的。冰箱的温度控制装置的设计似乎也暗示了这一点，因为它没有显示这两个部分之间有任何关联。因此，当 Norman 发现冷藏室中的食物太冷时，他便调高了冷藏室的温度。他并没有预料到，调节冷藏室的温度反而会导致冷冻室变得更冷。

不幸的是，他的心智模型与冰箱的操作概念并不一致。这款冰箱仅测量冷藏室的温度，而看似独立的冷冻室温度控制，实际上是通过调节两个间室的相对制冷量来实

㊀ 心智模型是对某人关于某事在现实世界中如何运作的思考过程的解释。它是周围世界、其各个部分之间的关系以及一个人对自己的行为及其后果的直觉感知的表示。心智模型可以帮助塑造行为，以及设置解决问题的方法（类似于个人算法）并执行任务。1971 年，Jay Wright Forrester 将一般心智模型定义为：我们脑海中世界的形象只是一个模型。在他的头脑中，没有人想象整个世界、政府或国家。他只选择了概念和它们之间的关系，并用它们来表示真实的系统。——译者注

现的。因此，除非同时调整冰箱的设置，否则调高冷藏室的温度总是会导致冷冻室温度降低。

冰箱设计的一个核心理念是采用单一的冷却源，可在两个隔间之间不均匀地共享。一旦我们知道是单一冷源，就可以很容易地推理出，对冷源或共享冷源的调整必然会影响到两个隔间。

幸运的是，Norman 有一个可以让他进行实验的冰箱。他首先根据自己对冰箱运作方式的理解调整了控制装置。然而，结果并不如预期，这让他意识到自己对冰箱工作原理的理解存在偏差。经过多次尝试和调整，Norman 最终成功地掌握了冰箱的操作方法，并更新了他对冰箱工作原理的认知。

在软件设计过程中，我们依靠沟通技巧来捕捉和传达驱动系统运行的概念模型。与 Norman 不得不接受冰箱的本来面目不同，架构师通常会在构建特定产品或功能之前进行概念模型的设计。因此，相较于通过实验，我们更加依赖通过沟通来培养对概念模型的共识。

事实上，检验交流是否有效传达理解的最佳方式就是，观察对方能否运用他们自己的心智模型（即他们的理解）来重新描述系统的概念模型。如果他们描述的概念模型与你最初阐述的一致，则说明该模型经受住了“往返测试”，你们之间也就达成了真正的共识。这种共识并非指对方记住了图表或设计原则的列表，因为记忆并不等同于理解。我们追求的是，对方能够充分内化和理解，并能用等效的方式将其重新表达出来。

系统架构包含了许多的概念，而架构的设计者、构建者和用户都会根据自身对这些概念的理解来构建心智模型。清晰的概念传达能够使他们的心智模型趋于一致，从而对系统如何工作形成一致且正确的理解。

基于我的经验，产品团队能否高质量且快速地交付产品，与团队成员对系统概念是否有共同的理解密切相关。当然，这并不能保证产品在商业上的成功，因为商业成功还会受到许多其他因素的影响。但可以肯定的是，当团队步调一致时，就能高效地朝着共同的目标前进，避免出现各行其是、决策时间过长或走进死胡同等问题，而这些问题往往是由缺乏理解造成的。

团队如何才能形成这种共识呢？答案是通过持续不断的沟通。唯有在反复交流和对话的过程中，我们才能检验并确认彼此之间是否真正达成了共识。最终，构建起团队成员共享的心智模型，正是架构师开展沟通工作的目标所在。

8.2 写作

沟通的范围远不止于文档，但不可否认的是，文档仍然是沟通中不可或缺的一环。基于种种原因，我建议团队将书面形式作为默认的沟通方式，并在此基础上辅以演示和对话等形式。

这项建议的提出，部分原因是团队成员分散在不同地点，甚至人员分处不同时区的情况正日益普遍。事实上，早在 COVID-19 疫情暴发之前，分布式团队就已经越来越常见了。这一趋势一方面是由于公司设立了多个办公地点，另一方面也归因于越来越多的员工选择居家办公。

事实上，尽管有些公司多年来投入巨大，力图将员工集中起来工作，但成功的反例却比比皆是。例如，开源项目通常无法将项目的贡献者聚集在一起：参与者都是自愿加入，居住地各不相同，而且项目往往也没有相应的差旅预算。

长期以来，开源项目普遍采用“异步”的通信方式，即各种形式的书面交流工具。无论是电子邮件、聊天软件、问题追踪系统、代码评审工具、Wiki，还是上述工具的多样组合，都属于书面交流的范畴。

正如“异步”一词所示，这种方法的优势在于，它不要求人们必须在同一时间、同一地点进行交流。在极端情况下，这甚至是不切实际的：对于生活在时差八小时以上的两个人来说，很难找到一个双方都认为方便的时间进行交流。即使是身处同一时区的同事，也会乐于将打扰推迟。因为许多人发现，留出完整的不被打扰的时间来完成工作，效率会更高。

异步通信的难点在于，参与者在写入信息和读取信息时，往往处于不同的心理状态。这与现场对话完全不同。在现场对话中，双方通过对话过程建立起共同认知，从而实现快速且高效的交流。

对于任何重要的交流，建议使用具有协作功能的工具。如果是普通文档，Wiki 会是一个不错的选择；而如果是代码类文档，则推荐使用代码评审系统。任何支持内联的、线程化的评论的工具都可以满足这一类需求。

尽量避免使用电子邮件和聊天工具处理任何具有实质性的重要事项。这类沟通工具存在一些弊端。首先，它们倾向于鼓励简短的留言和回复。然而，过于简短的交流往往会导致误解，进而演变成冗长且混乱的解释和澄清，试图阐明最初的问题、理解答案，甚至两者兼而有之。更糟糕的是，事后很难将回复与原文对应起来——而这正是内联评论在优秀的协作工具中能够有效解决的问题。

然而，有时你可能会与那些擅长撰写长篇幅详细邮件的同事共事。这些邮件在解释问题方面做得非常出色，内容翔实，但问题在于目标受众却是错误的。因为这些邮件最终只发送给了部分需要了解相关信息的人员。当然，邮件可以被转发，日后也可能再次被找到，但这并非管理重要信息的理想方式。

作为经验之谈，当你发现自己正在撰写或收到此类电子邮件时，建议将其转换为文档并发送链接。文件存储的位置至关重要，如果处理得当，日后将很容易查找（更多信息请参阅 8.4 节）。任何点击文档链接的人都能查看文档的最新版本，而不是电子邮件中过时的版本。最重要的是，他们可以通过在文档上发表评论来参与对话，内容对所有人都清晰可见。

人们提出了许多具有实用性和逻辑性的论点来支持书面文档的使用，例如，书面文档尊重人们的生活和工作方式，有助于促进交流，并帮助人们获取重要信息。但除此之外，还有一个理由支持书面交流——写作并非易事。

将困难的事物推荐为首选的沟通方式似乎是自相矛盾的，但写作之所以困难是有其深意的：要清晰地阐述某件事，我们必须对它有深入的理解；而要深入理解，则必须进行充分的思考。而思考正是我们想要鼓励架构师去做的事情。

需要强调的是，我并非建议每个人在动笔记录和分享想法之前，都必须深思熟虑、力求“正确无误”。如果那样，沟通将被孤立取代，这与我们的初衷截然相反。但是，我们也不希望把时间浪费在毫无意义的沟通上。读者或许会对文章的内容持不同意见，但前提是，他们需要理解文章所要传达的含义。因此，我们所追求的是清晰的表达，而非绝对的正确。

其实，任何认为自己初次尝试就能做到完美的人，很可能都是错误的。作者写作的初衷是希望开启一场对话，因此他需要清晰地描述自己对当下问题或设计的最佳理解，并以此寻求反馈。之所以要寻求反馈，是因为作者自身的理解存在着某些尚未发现的不足。一段有效的对话，往往始于清晰的描述，并能引发清晰的回应，而这正是开放式工作的精髓所在。

书面文档是目前最具传播力的沟通形式，印刷术的革命性意义也正在于此。印刷术出现之前，书籍已经存在，但印刷术降低了书籍的复制成本，使书籍得以更广泛地传播。而计算机的出现，更使得文档的传播成本几乎降为零。因此，一旦你写完一份文档，理论上来说，就没有什么能阻止它传播给尽可能多的人了。

能力越大，责任就越大。清晰易懂的文档能够有效地传达信息，而广泛分享文档的能力将推动项目的进展，从而打造更优质的产品，并加速产品交付使用。相反，如果分发的文档措辞不当、逻辑混乱，那么只会浪费读者的时间和精力，毫无益处。

8.3　谈话

书面交流固然重要，但在某些情况下，面对面的对话不可或缺。当团队成员对系统概念尚未形成共识时，对话就显得尤为重要。团队一旦定义了这些概念，便为后续的工作奠定了共同的基础，甚至可以进一步修改概念本身。然而，在达成共识之前，想要顺利展开第一次对话也并非易事。

对话并非必要的环节，即使在项目启动阶段也是如此。很多时候，一个人只要有了一个清晰的概念和一篇出色的文档就可以推动项目的启动。事实上，许多项目正是以这种方式开始的：首先，个人提出愿景，随后形成书面提案，最后围绕提案组建团队并开展工作。

但更常见的情况是，团队往往是围绕一个新的挑战而聚集在一起的。因此，第一步便是要以形成概念作为起点。在这一阶段，概念不必完全正确、完整，甚至不必面面俱到。其初始的目的，与其说是在概念方法上达成一致，不如说是首先在对问题的理解上达成共识。

在团队组建的初期，对话在建立团队默契方面有重要的辅助作用。彼此互不了解、互不信任、互不尊重的人们只是一群人，而绝非一个团队。将一群人凝聚成团队需要时间，不能操之过急，但相比电子邮件和即时通信，面对面的对话能够更快地实现这一目标。

团队内部的对话交流并非一定要面对面进行，对于某些团队而言，面对面交流甚至不是一种选择。然而，无论是新团队组建的初期，还是在团队的长期发展过程中，让团队成员有机会聚集在一起还是很有价值的。第 9 章将针对这些方面以及架构团队的其他内容进行更为详细的阐述。

当然，现场对话的价值不会在几轮初始谈话后就戛然而止。有时，无论经过多少轮书面提案和异步评审，讨论都无法达成一致。尤其是在截止日期迫在眉睫的情况下，让这种讨论无休止地进行下去是极为不合理的。

如果存在分歧，没关系，那就安排一次谈话来解决这个问题。前期对书面文档和异步评审的投入将在此时发挥作用。因为当会议开始时，每个人都已经对议题有了充分的了解。这些会议的目的不是建立概念，而是基于这些概念来解决不同的观点。这类会议通常一个小时就足够了，限制会议的时长可以帮助每个人集中注意力。

目前为止，我们讨论的对话都是主题驱动型的。这类对话通常由更广泛的需求引发，例如启动新项目，或是安排时间以探讨值得关注的议题。此类对话可以借鉴一些关于高效会议的标准建议，例如设定明确的主题、设定会议议程等。

还有一种对话空间颠覆了上述种种。它不是由主题驱动，而是由日历驱动的。在这种模式下，对话定期进行，例如每周一次，每次对话的时间足够长，至少一个小时，以便进行有意义的交流，但考虑到对话的频率，也不会因为时间过长而成为一种负担。

采用合适的节奏，这种方法能够为团队创造一个持续对话的空间。对话之间的间隔应当足够短，以便团队成员能够轻松地重新开启对话。也就是说，每个人都应该记得上次结束时的话题。同时，对话的持续时间也应当足够长，以便团队能够在分配的时间内取得进展。

这些长期的对话有两个目的。首先，这类对话往往会涉及一些重要的话题，这些话题虽然目前尚未紧急到需要专门召开会议讨论，但也值得关注。其次，由于这类话题通常无法当场解决，所以需要将其添加到待办事项列表中，留待以后再议。当然，这类话题也可能成为主题会议的议程项目，以便预留充足时间进行讨论。

这些长期的对话也为不太频繁的面对面聚会提供了补充，因为它们创造了一个空间，使对话能够在两次聚会之间持续进行。定期举行对话至关重要：由于每个人都预留了时间进行这些对话，因此可以讨论那些可能需要数周或数月才能解决的问题。这与"每次会议都需要议程和决策"的理念背道而驰，这种理念本应使会议富有成效，但这正是关键所在：对话需要时间和空间。

假设团队成员受某些原因影响而无法面对面聚到一起，那么可以考虑创建一个线上论坛，或者将线下论坛转移到线上，并适当增加会议频率或延长会议时间，以此来保证沟通的顺畅。虽然线上沟通的效果无法与面对面交流完全等同，但这比完全中断沟通要好得多。

无论如何安排对话，任何决定在最终确定之前，都应以书面形式记录、评审并达成一致。尽管在沟通的过程中，各方似乎已经达成共识，从而试图省略书面确认的环节，但这往往是一个错误。

首先，对话过程中看似达成一致的意见，实际上可能并非如此。这可能是因为某些参与者误解了他们所同意的事项，或者在会后改变了主意，抑或他们当时存在异议，但碍于情面而没有说出来。因此，我建议你花时间准备一份书面决定，并将其分发给所有参与者。如果存在上述问题，那么在分发书面决定的过程中，相关人员就会提出，你也可以尽早解决，避免问题在后期爆发。如果在此时没有异议出现，那么你就可以更有信心地推进后续的工作。

其次，无论最终决定是什么，它的影响范围必然会超出参与讨论的人员的范围。例如，有些人可能受各种原因影响而无法出席会议，而与会者也可能只是一支大型团队的一部分人员，不可能每个人都能参与每次的会议。此外，新员工可能在下周入职，他们也需要了解此前的决定。因此，保留书面记录可以确保决定的持久性以及可追溯性。

谈话有价值，是建立团队默契的关键，有时甚至是加速解决棘手问题的最佳选择。然而，需要注意的是，谈话是对文字记录的补充，而绝非替代。

8.4　信息架构

在注重书面交流的大型项目中，架构师往往需要管理大量的文档，例如提案、规范、标准等。此外，为了促进沟通，架构师通常还会准备演示文稿、简报、博客文章等形式较为灵活的材料。

投入时间管理这些资料非常重要。缺乏管理，最终必然导致资料杂乱无章，令人难以查找所需的文件。有些人试图通过四处打听来应对混乱的局面，直至找到他们所需的信息为止。虽然这种做法情有可原，但这对每个人来说都是一种负担。

其他人可能会得出结论，认为他们正在寻找的功能并不存在。信息的缺乏将会阻碍他们未来的设计工作。在理想情况下，一位知识渊博的评审人员或许能够在工作完成之前发现信息库中的这一空白。而在最糟糕的情况下，由于创建者根本没有意识到系统已经具备了他们所需的功能，因此可能会导致构建出重复的功能。

在标准的制定方面也容易出现类似的错误。如果一个标准已经建立，但却无人知晓，那它还有什么意义呢？更为浪费的是，不遵守重要标准的后果往往在花费了大量精力尝试非标准方法后才会显现。标准的制定是为了加速设计和开发的进程，但这只有在项目伊始就采用标准化方法才能得以实现。

为了最大限度地利用已产生的成果——并避免因对已有成果组织不善而导致的失败——团队必须维护好信息架构。信息架构是一门组织信息以方便使用的学科。换言之，它规定了如何存储这些成果以及存储它们的位置，以便人们能够找到并使用它们。

在构建信息架构时，首先要对团队制作的文档进行分类。以下列举了一些常用的分类方法：

- **待办事项条目**：这些记录包含架构工作项目的“待办事项”，详见第 4 章和第 7 章。
- **规范**：规范是对每个系统元素（包括软件库、服务、应用程序、子系统等）的权威性描述。
- **变更提案**：每个变更提案都会详细说明对系统架构或设计的一系列拟议增补、删除和修改，并在显著位置显示其状态、作者和审批人。
- **标准**：此类文档描述所有架构和设计工作必须遵循的一系列标准，其中包括工作中所遵循的架构原则。

- **指南**：指南旨在为系统组件提供概念性的描述。它是对技术性较强的规范文件的补充，提供更易于理解的解释。
- **愿景文件**：愿景文件阐述系统或子系统在未来 3 ～ 5 年内的期望状态（有关愿景文件的更多信息，请参阅第 4 章）。
- **演示文稿**：演示文稿是对系统或其部分内容进行现场讲解或讨论的记录。应保留幻灯片，如有可能，还要保留演示的录音或录像。
- **目录和词典**：如第 7 章所述，目录会记录系统的软件元素和数据模型。词典将在本章稍后讨论，它定义了系统的术语。
- **备注**：备注是一个用途广泛的类别，适用于记录尚未归类到其他类别（如变更提案或演示文稿）的论点或观点。
- **博客文章**：如果你拥有大量期待定期更新的读者，可以寻找合适的媒介发布这些内容。博客可以起到很好的作用，电子邮件简报等也是不错的选择。

这些内容应该以清晰的分类法进行组织，帮助每个人在正确的时间找到正确的条目。团队可以在一个知名的网页上维护这个分类法。然而，你不需要，也可能不想将所有内容存储在同一个工具中。虽然理论上可能存在一个工具可以完美处理待办事项、变更提案、规范文档、博客文章以及其他内容，但我至今没有发现。根据经验，一款工具的功能越全面，它在特定领域的能力就越容易受到限制。幸运的是，每个工具都支持链接，因此可以通过链接将不同的工具整合到同一个分类系统中。

以下是一个适用于大多数项目的基本分类法：

- **已发布**：首先列出系统的已完成的文档，归类在“已发布”之下。在该类别中，通常按照目标受众的范围从宽到窄依次排列。
  - ★博客文章
  - ★指南
  - ★论文
  - ★技术规格
  - ★标准规范

★备注

- **进展中的工作**：“进展中的工作”部分用于组织整理项目的提案。这些提案会根据状态作进一步细分。“不活跃”提案指的是那些尚未获得批准但也没有被放弃的提案，它们可能处于搁置状态，也许会在之后重新考虑。当然，如果你确定不再需要某个提案，可以选择将其丢弃。

  ★活跃的提案

  ★已批准的提案

  ★不活跃的提案

- **参考文献**：目录和词典应置于清单靠后的位置。此外，其他资源的列表，例如公司或行业参考资料，也可以在此处列出。此处的资料也经常会被其他文档直接引用（例如，通过目录或词典条目的链接）。

  ★软件目录

  ★数据模型目录

  ★词典

- **计划**：团队可以在此部分存储与内部使用最相关的材料，例如待办事项列表。本着公开透明的原则，这些材料应与其他内容一并公开。当然，考虑到大多数人不会特意查找此类信息，将其置于最后也是合适的。

  ★待办事项列表

  ★团队信息

尽管提案是架构师日常工作的核心，但在构建分类体系时，应避免过度强调提案。指南、论文、规范等内容应置于首位，因为它们是大多数浏览者所寻求的，而这些浏览者通常缺乏耐心深入挖掘所需的资料。对于提案，建议进一步细分为“进展中”（活跃）、“已批准”和“已完成”（不活跃）三种状态。

对每个条目进行准确标记至关重要。首先要标明其状态，并突出显示出来。无论是草案、评审中、最新版本还是已过时，清晰的状态信息对使用者至关重要。毕竟，没有人希望浪费时间阅读过时的文档，或基于尚未获批的提案贸然采取行动。

版本混淆

我曾经参与过一个新项目，当时我拿到了一份非常详细的系统规范说明书。然而，随着阅读的深入，我却越来越感到困惑。一些子系统单独来看逻辑清晰，但许多子系统之间似乎存在功能重复，我完全无法理解它们是如何整合到一起的。我感觉自己读得越多，反而越是糊涂。直到一个月后，才有人告诉我，我所收到的文档实际上混杂了两个版本的系统文档，分别是“第 1 版”和经过完全重写的“第 2 版”，这两个版本之间没有任何关联。最糟糕的是，没有人对这些文档进行明确的版本标记。

请记住，整理这些材料仅是工作的开始，而非结束。更新这些材料应成为每个项目所附清单的一部分。例如，提案通过后，应将其从“进展中的提案”移至“已批准的提案”；采用新标准后，应确保将其发布到“已发布 / 标准”页面或提供相关链接。以此类推，所有材料都需要及时更新。

为方便用户及时了解最新的动态，建议可以在新项目上传或链接时提供订阅通知的功能，并确保用户知悉如何使用该功能。此外，建议在提案获批、制定新规范或发生其他重大变更时，发布博客文章（或类似形式的公告）进行说明，并将博客文章纳入审批流程之中。

这些博客文章无须冗长，其目的在于让读者了解变更。毕竟，任何想要了解详情的读者都可以参阅文章所引用的规范、标准或其他相关文档。当然，简明扼要的几段话能够提供比任何内置通知机制更为详尽的信息，读者会因此而心存感激。

如果条件允许，请收集这些材料的使用量统计数据。全面、准确的书面文档极具价值：只需编写一次，即可供无数人阅读。你可能会惊讶地发现，有些文档的查阅频率非常高。

相反，如果这些文档的访问量不大，则需要进行一番调查。首先要确定的是，读者是否能够顺利找到这些文档？还是存在着可发现性问题？其次要评估文档本身的质量，例如内容是否实用、是否充斥着专业术语、是否已经过时等。这些因素都可能导致读者放弃阅读。

信息如同代码，若疏于维护，便会逐渐过时腐烂。请定期检查你的文档，确保它的存放位置与状态标识准确无误。如果发现文档存在重大缺漏，请将其列入待办事项。对于过时的文档，建议将它移至存档，以便在不影响日常使用的前提下妥善保管。

8.5 命名

在概念开发的过程中，团队往往需要创造大量的命名。这不仅包括概念本身的命名，还涉及其众多组成部分的命名。此外，团队还需要为系统中的各个方面进行命名，例如层级、模式、组件、实体、属性、类、变量、消息、方案等。不仅如此，对系统创建和维护至关重要的工件、流程和工具，也需要进行命名。任何相当复杂的系统都需要为成百上千的事物命名，这些事物涵盖了从简单独立的概念到整合数十乃至数百个概念进入复杂系统组件中的术语。

好的命名至关重要，它能解锁沟通的各个方面。好的命名有助于概念模型的开发和理解，对于书面文档尤为重要，因为读者通常无法立即就陌生或容易混淆的命名寻求解释。此外，好的命名还能降低对话参与者在交流中产生误解的可能性。因此，在命名上投入精力是非常值得的。

首先，好的命名应该要具有描述性。假设你创建了一个服务，用于将实体从一种格式转换为另一种格式，那么将其命名为“Babel”(巴别塔)[⊖] 固然很巧妙——有些人或许能理解其中的典故——但是，“实体格式转换服务”会是一个更好的名称，因为它明确告知了使用者这项服务的用途，它避免了每次看到这个名称时都需要记住、推断或查询其功能。

同样，除非确有保密需求，否则切勿使用代号。请牢记，代号的本质在于隐藏和混淆信息。将你的工作命名为“X 项目”或许听起来非常酷炫，但这必然会导致无人知晓你在说什么。如果你想保守秘密，这无可厚非；但如果你的目标是促进沟通，那么使用代号就会适得其反。

同样也要避免使用那些看似聪明但意义不大的名称。我曾经参与过一个项目，该

⊖ Babel（巴别塔）也译为通天塔，本是犹太教《塔纳赫·创世纪篇》中的一个故事，说的是人类产生不同语言的起源。在这个故事中，一群只说一种语言的人在“大洪水”之后从东方来到了示拿地区，并决定在此修建一座城市和一座“能够通天的”高塔；上帝见此情形就把他们的语言打乱，让他们再也不能明白对方的意思，并把他们分散到了世界各地。——译者注

项目的数据迁移工具被命名为“Mayfly”（蜉蝣）。设计者的初衷是，该工具如同蜉蝣成虫仅有一天（或两天）的寿命，即只会短暂存在一天。然而事与愿违，该工具实际使用寿命远超预期，其名称失去了原本的意义，并且无法体现出工具的具体功能。最终，该团队的工程师不得不花费数年时间来向外界解释这个名称的由来。

基于同样的原因，我们应谨慎使用缩略词。虽然缩略词有助于处理过长的名称，但更好的方法是直接使用简短的名称。此外，当缩略词不是一个单词时，效果最佳。因为非单词的形式能够避免削弱与其真实含义的关联。例如，将“实体翻译服务”命名为“TEsS”，这可能会导致部分听众产生困惑，因为它是一个常见的女性的名字。人们会难以区分这指的是软件本身还是一位具备多语言能力的新队友。此外，不一致的大小写也会造成困扰。

大多数系统都需要使用大量的名称。因此，为了降低认知负荷，这些名称应该采用一致的结构。合理的结构能够反映出不同概念之间的真实关系，相当于创建了一个辅助沟通的渠道，无须重复说明即可通过暗示传递额外的信息。

例如，假设你正在开发一个电子商务系统。你需要为每笔交易存储两个地址：一个用于账单，一个用于发货。你可以将第一个称为“账单地址”，将第二个称为“送货地点”。但这是一个糟糕的选择，因为它隐藏了两者之间隐含的联系，即两者都是地址。当你想同时引用这两者时，就会遇到麻烦。总的来说，它们是地址吗？一个位置？还是一个“地点的地址”？

建议采用结构化的地址信息，例如使用“账单地址”“收货地址”和“地址”。这些用语虽然看似平淡无奇，但却简洁明了，能够准确传达其含义，无论是单独使用还是组合使用都是不言自明的。

这个例子所使用的结构简洁而有效。其核心概念被简单地命名为“Address”（地址）。相关概念则通过添加限定词来命名，例如“BillingAddress”（账单地址）和“ShippingAddress”（收货地址）。这种命名结构非常普遍，即使人们很少对其进行专门的讨论。

这种结构非常易于扩展。例如，若客户需要更新账单地址，则会使用新地址替换旧地址。你可以通过添加限定词，例如“新”和“旧”，以区分这些概念，避免歧义。

我们还可以添加额外的名词作为后缀。地址信息是否存储在独立的服务中？如果是，那么你会发现将“地址实体”存储在“地址服务”中会非常实用，并且可以通过“地址更新”来更新它们。地址服务规范中应该对所有这些工作原理进行详细说明。当概念之间的联系清晰明了，并且可以根据名称轻松记住时，你会发现自己花费在解释概念之间关系上的时间将大为减少。

在可行的情况下，应尽可能扩大一致性的应用范围。例如，许多系统会记录每个实体的一些基本元数据，如创建时间、最后更新时间等。这些属性在任何地方出现时，都应使用相同的名称。同时，它们也应该采用一致的形式：“created”和“modified”是比较好的选择，“createDate”和“modificationTime”则不太合适。无论是在定义名称还是使用名称时，选择一种形式并坚持使用，可以省去大量时间和麻烦。此外，如果能够采用相关标准中的现成形式，则可以节省更多的时间，避免团队成员为了自行定义规则而反复沟通。

名称如果需要变更，就需要彻底执行。沿用容易引起误解的旧名称，不如彻底更换为新名称；而新旧名称混用，其结果甚至更为糟糕。因此，名称变更后，务必将变更同步至现有的规范、标准及其他受影响的文件中。

名称变更是“将变更提案作为补丁”这一比喻的绝佳例证。变更提案中会同时出现新旧名称，并阐明变更缘由，起到了连接新旧术语的桥梁作用。变更提案一旦获得批准，该变更提案“补丁”就会应用于所有使用旧术语的文档中（但旧的变更提案无须更新）。如果团队新成员能够在完全不了解旧名称的情况下开展工作，则说明名称变更处理得当。

最后，更名之后，务必提醒人们在口头和书面交流中使用新的名称。更名初期，人们难免会出于习惯使用旧名称，此时纠正别人或被别人纠正可能会让双方感到尴尬。但为了新名称的顺利推广，这些纠正很有必要。否则，旧名称的使用会被默认接受，更名工作也将功亏一篑。

8.6 词典

一致且具有描述性的命名固然很好，但更应辅以清晰简洁的定义。为每个术语编写定义有两个目的：首先，它能够作为权威依据，消除潜在的歧义或误解；其次，也是更重要的意义在于，它能够促使概念清晰化。我曾不止一次目睹团队在尝试为某个自认为已经理解的术语费力地撰写定义。

当词典与文档的结构融为一体时，它们的效果最佳。这意味着无论在何处维护系统，每个定义都应具有唯一的 URL，以便其他文档能够链接到这个 URL。例如，独立的 Wiki 页面效果良好，而电子表格中的行则不然。建议尽可能使用与变更提案、规范或其他工作成果相同的工具来创建和维护词典。

每篇文档都应该在首次出现某个词语时提供相应的词典链接。然而，后续在同一文档中重复链接该词语的用法，不仅烦琐冗余，还会徒增作者的工作量，并且没有任何实际意义。此外，由于链接通常采用不同的字体或样式来增强显示效果，过多的链接反而会造成视觉疲劳，影响读者的阅读体验。

很多规范的模板中常常包含“术语”部分，但这并非最佳实践。一般情况下，文档不应包含独立的“术语”部分。如果文档需要定义术语，应尽量避免与系统词典重复，可以通过链接的方式引用已有定义。仅当文档使用的术语超出系统词典范围，或者引入全新术语时，才可在文档中添加“术语”部分。

在界定概念范围时，应避免重新定义已有标准定义的术语。如果存在行业标准定义，建议直接链接至相关定义。这样做不仅节省了复制这些定义的时间和精力，也强化了与既有标准的关联。此外，这种做法还有助于新参与者利用其行业知识来理解你的系统。

作为作者，如果你发现自己试图链接到一个不存在的词典条目，请停下来为其创建一个新词条。坚持这一点起初可能稍显烦琐，但一旦建立起一套完善的定义体系，你就不会经常遇到这种情况了。而且，对于词典应该包含什么，系统文档所需的定义的集合，恰好就是衡量词典内容的最佳指标。

变更提案是对此规则的例外。在撰写变更提案时，需要牢记你提出的是新的建议，而这些新内容只有在获得批准后才会成为系统的一部分。如果变更涉及定义新的术语，则在变更获得批准之前，不得将这些条目添加到词典之中。因此，变更提案应包含所有新术语的定义。变更提案获得批准后，这些定义将被添加到词典中，成为权威来源。

随着项目词典规模的扩大，对其进行有效的组织至关重要。建议构建一个分类系统，并根据条目属性进行标记。例如，可以根据条目与系统、领域、层级、服务或数据模型的关系进行标记。在选择词典维护工具时，除了确保每个条目都拥有唯一的 URL 之外，还要考虑其是否支持按标签进行标记和生成列表的功能。词典条目本质上也是文档，尽管篇幅较小，但也应该拥有统一的模板。建议在模板中包含以下部分：

- **摘录**：从一句话的定义开始，该定义可在其他语境中用作摘录。
- **细节**：对摘录内容画龙点睛的补充说明文本。
- **另请参见**：相关术语或术语列表。
- **参考文献**：列出与该术语直接相关的规范或其他文档的链接。

最后，请务必对定义中出现的其他术语也添加其链接，这种情况十分常见。仅在一个摘录中出现两到三个链接并不罕见。建立这些定义和链接或许需要花费一定的时间，但一旦建立起来，你会惊叹于仅通过浏览词典就能了解到一个系统的许多信息。

8.7 倾听

产品是否成功，需要顾客反馈才能知晓；同样，沟通是否行之有效，也需要听取沟通对象的意见。我们可以为对方写作、与对方交谈，组织、命名和定义我们书写和谈论的事情。但是，只有当对方真正理解了我们所传达的信息，我们的沟通才算真正成功。

要想知道我们是否被他人理解，首先要学会倾听。当他人反馈的信息与我们想要表达的概念模型一致时，就说明我们之间达成了一种共识。

倾听并非仅限于他人说话时。如果你的架构团队与工程、产品管理或其他团队合作，而这些团队自行编写设计文档、规范和其他文档，那么倾听这些团队的意见就需要审阅他们的文档。需要注意的是，这个过程不仅是阅读，更重要的是审查。不求甚解地阅读文档并非难事，但如果你在阅读过程中没有任何批注或疑问，则说明你可能没有认真“倾听”文档想要传递的信息。

这并不意味着每个架构师都需要阅读其他团队编写的每一份文档，这在大多数情况下是不切实际的。正如系统设计需要团队合作一样，管理来自其他团队的信息也需要团队合作。记录预期阅读特定文档的人员以及实际阅读的人员会很有帮助。此外，良好的信息架构还有助于文档的组织管理，使其状态和相关性清晰明了。

如果团队在沟通方面树立了良好的典范，其他团队可能会效仿。例如，他们会使用类似的模板，以类似的方式组织信息或为词典添加定义。如果发现团队的最佳实践被其他团队采用，请不要吝惜你的鼓励与肯定。因为流程和结构的一致性有助于加深团队间的相互理解，为构建共识奠定基础。

团队合作的第二个好处在于彼此借鉴和改进实践的经验。例如，假设另一个团队采用了你的模板并进行了修改，那么仔细研究他们的修改内容。他们或许找到了一种改进模板的方法，而这种方法对你同样适用。花时间观察这些变化、思考其背后的原因并应用从中汲取的经验，这些都是积极倾听同事意见的良好体现。分享这些改进措施能让每个人受益，同时还有助于营造一个良好的工作氛围。

当不同学科领域融合各自的沟通结构时，往往会产生最佳的结果。但这并不意味着架构文档和需求文档会合二为一，各个流程步骤依然需要保持独立。然而，概念模型、信息架构、命名——这些都是产品甚至产品家族的构成要素，而非软件架构所独有的。如果能够跨职能部门协调一致，就相当于为扩展共识、开展新的工作奠定了最为坚实的基础。

良好的沟通还需要谦逊的态度。我们自然会为自己的工作感到自豪，在向他人解释工作内容时，无论使用何种媒介，很容易将“倾听以确认对方理解”和“倾听以获得认可”混淆起来。我们当然都希望自己的工作得到认可，但获得认可不等于对方真正理解了我们的工作。

反过来，理解意味着被认可，即使你可能没有这种感觉。你或许有过这样的经历：他人向你解释你自己的工作，而他们并不了解你早已对此非常熟悉，并且之前也从未与你讨论过。这种情况下，你一开始可能会感到沮丧，因为他们并没有明确地认可你的贡献。

但这是多么奇妙的一刻啊！一位从未与你探讨过此话题的人，竟能如此清晰地反映出你的想法，让你一眼就能辨认出那是你自己的作品。毫无疑问，这体现的正是有效的沟通。与其忧虑谁将因此而获得赞誉，不如沉浸于作品及其所传递信息的成功之中，静静地享受这份喜悦。

8.8 总结

产品开发是一项团队工作，而高效的沟通是团队成功运作的基石。最富有成效的团队往往都是在一个共同的概念模型基础之上开展工作的，并通过书面和口头沟通来建立、维护和发展这种共识。

沟通应高度重视书面文档。书面形式的文档有利于跨地域和时区的协作，具有持久性和可扩展性，并能促使思路更为清晰。应使用文档记录那些在电子邮件或聊天信息中容易被隐藏或丢失的信息。

为团队创造交流的时间和空间，能够成为写作的有效补充。在确立新概念和构建团队和谐关系时，面对面的长时间会议尤为有效。临时性的对话有助于解决误解或其他问题。定期安排团队会议等互动时间，不仅能够适用于小的议题，还能随着时间的推移有效维系团队成员之间的良好关系。

项目往往会产生大量的文档。对此，我们应当构建完善的信息架构，确保每个人（而不仅是架构师）都能轻松找到所需的文档。此外，让沟通成为反馈的渠道，帮助我们不断改进工作。

在沟通交流时，应仔细斟酌名称，选择清晰易懂且具有描述性的名称和命名模式。同时，将这些名称记录在案并统一使用。建议维护一份项目词典，用于收录这些名称以及项目中使用的其他重要术语。这些措施将有助于提高个人思维的清晰度，并促进与更广泛团队间的有效沟通。

所有团队都需要投入时间和精力进行沟通。采用结构化的方式来管理文档、信息架构和命名方法，将有助于团队更高效地工作。

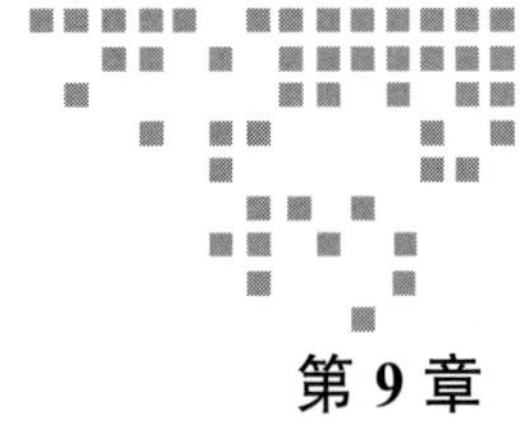

第 9 章 Chapter 9

架构团队

本书的主题是探讨如何在软件开发组织内部构建有效的软件架构实践。软件架构师及其所在的团队是这种实践的“拥有者”，他们负责定义、演进和维护架构。同时，他们还负责制定团队的运作流程，包括跟踪工作、制定和评审变更提案、做出决策以及进行沟通等。无论是有意为之还是无意为之，团队的行动都会形成一套书面或事实上的架构工作流程。

这些团队的规模、运作方式和形式因组织而异，甚至差别较大。例如，四个人在车库里编写一个伟大产品的代码虽然也需要软件架构，但他们不需要组建专门的架构团队、定义专门的角色或制定复杂的决策流程。他们完全可以把整个公司，也就是他们四个人视为架构团队。当然，他们也同时是产品管理团队、工程团队、测试团队、运营团队和销售团队。在这种情况下，决策和沟通可以非常简单，只需要他们摘下耳机，花点时间简单地交谈一下。

但在大型组织中，单个产品项目的参与者可达成百上千人。规模更大的项目，例如涉及多个关联产品的组合时，参与者甚至可达数万人。为了有效地扩大规模，企业通常会首先进行专业化分工，创建专注于特定领域的精简团队。然后，通过构建合理的组织架构、流程和工具，将这些专业团队整合起来，从而提供必要的协调与协作。对于大型项目而言，这项工作所需的专业知识本身既是一项挑战，也是企业构建竞争优势的关键所在。

在探讨了软件架构实践的运作方式之后，我们将目光转向如何在更大的组织架构中将它构建为一个独立的学科。正如世界上没有完美的组织结构一样，架构团队也没有最佳或单一的模式。尽管如此，每个组织在构建过程中也都要思考一系列共同的问题。

9.1 专业化

架构师是否应该成为组织内的一个专门的角色，这是一个很好的切入点。尽管我坚信架构技能是构建优秀软件的先决条件，但组织对于如何定义、识别和整合这项技能，却有着多种多样的选择。

“软件架构师”有时可以作为一个独立的职位存在。担任“软件架构师”的人员通常需要专注于软件架构领域，并且具备相应的专业知识和技能。他们被聘用正是因为他们在软件架构方面的专长；他们还需要不断学习和精进，以提升自身在该领域的知识水平。同时，在合理的情况下，“软件架构师”不会被要求承担与软件架构无关的其他任务。

与之相反，有些组织可能认为所有的软件工程职位都需要员工具备多种技能。在这些组织中，软件架构并非一个专业方向，而是所有员工都需要具备和应用的众多技能之一。除此之外，他们还可能需要具备移动应用开发、云计算和数据库等方面的知识和技能。

可以说，这两种选择各有优劣。通才模式的挑战在于，通才无法在工作中的所有方面都与对应领域的专家相匹敌。事实上，这也正是专家存在的意义之一：为获取和应用更深层次的理解而创造出专业领域。

我们不妨以软件领域之外的例子来探讨这个问题。设想一下本章前面提到的那家四个人的初创公司，谁来负责他们的会计工作呢？难道会要求这四位程序员每个人都兼顾公司的财务工作吗？这并非完全不可行，但是不太现实。这些程序员或许在软件方面都称得上是全才，但软件开发本身就是一个十分专业的领域。因此，他们更有可能聘请一位专业的会计师，而不是亲自处理这方面的事务。

同理，软件领域存在众多的专业方向，例如移动应用、Web 开发、服务端开发、数据库、搜索、安全、机器学习等，架构设计只是其中之一。归根结底，团队需要根据自身情况，针对每个领域考虑是否需要专家。至于哪些领域的专家值得投入，取决于团队规模、产品领域和其他因素。

考虑到上述因素，专业化的必要性和价值往往取决于两个方面。第一个方面是规模。如前所述，项目的规模越大，围绕特定职能进行组织的价值就越大。对于任何项目而言，都存在一个临界点：当超过这个临界点时，仅凭所需架构的工作量，架构设计就会成为一项全职工作。一旦达到了这个阶段，如果方法得当，采用基于专家的方法将比继续分散责任更为有效。

第二个方面与产品的出发点有关。并非所有的产品在软件设计方面都具备开创性。如果你的团队正在构建一个基于完善架构的迭代产品，并且使用的是经过验证的成熟技术，那么即使是大型项目，也可能不需要太多的架构工作。在这种情况下，你可能不需要架构专家。例如，一个团队正在开发一款现有游戏的新版本。游戏玩法的调整和内容的更新将会使游戏焕然一新。新的架构设计很可能是不必要的，而且只会增加项目的成本。

与之相比，有些产品则需要新的架构思维。以智能手机为例，在其问世之初，没有人能够确定构建一款智能手机应用程序的最佳架构。传统桌面应用程序的架构并不适用，因为它们是基于对应用程序生命周期的假设，而这些假设在移动设备上并不成立。反之，利用仅具备早期功能的手机（非智能手机）的应用程序架构也行不通，因为这些架构在用户交互模型等方面所面临的限制条件已不复存在。

因此，所需的专业化程度取决于项目本身及具体的情况。对于架构工作量不大的项目，无须设立专门的架构团队。但如果项目涉及新的技术或平台，则需要投入大量的架构工作，此时设立专门的架构师角色将有助于项目的成功。

9.2　组织结构

假设某开发组织设立了专门的架构师角色。导致这一现象的原因可能是团队规模庞大，角色分工明确，或者系统架构本身存在挑战，需要聘请专家加以解决。无论是何种动机，架构团队的结构应如何构建？它在组织中应处于何种位置？

与专业化类似，架构团队的组织结构并非一成不变，而是存在多种选择。一种极端情况是集中式的架构团队，完全独立于其他职能部门。另一种极端情况则是完全“虚拟化”的架构团队，每个架构师都向一个（可能是跨职能的）团队汇报。团队最理想的组织结构取决于多种因素。

组织规模是影响虚拟团队工作效率的一个关键因素。在规模较小的组织中，虚拟团队往往运作得更为顺畅，其中有多方面的原因。首先，小型组织对专业化的需求通常较低。集中式的架构团队鼓励其成员专注于架构工作。但如果希望架构师能够处理更多样化的任务，将他们融入承担这些职责的团队中将会是更好的选择。组织架构的设计应该强化责任分配，而不是与其背道而驰。

集中式的架构团队也会产生额外的开销。例如，团队需要配备一名经理。尽管经理本身可能也是架构师，但团队一旦成立，经理就需要花费时间处理与架构并不相关的管理工作。在小型组织中，这些管理任务可以交由规模较小且跨职能的团队的经理来负责，从而避免设立新的管理职位。在大型组织中，集中管理架构师则可以有效减轻其他部门经理的负担。

将架构师分散到整个组织中存在一个潜在的弊端：他们之间的沟通和组织可能会变得更加困难。这种情况下，与架构相关的跨团队任务往往会被认为不如团队自身的目标重要，是次要的任务。当然，对于规模较小的团队，或者架构设计挑战较小的产品来说，这也许并不是什么问题。

当架构师之间缺乏沟通成为一个问题时，可以通过各种结构来解决。最简单的构建方式是建立虚拟团队，并将架构师纳入其中。尽管是虚拟团队，但它的运作仍需要在一定程度上依赖流程、沟通、会议、计划等要素。缺乏好的组织结构，一切皆为徒劳。

如果你正在采用虚拟团队的模式，但架构工作进展不顺，或许是时候考虑采用更加集中的模式了。许多组织成功采用了混合模式，即同时保留集中式架构团队和多个职能团队中的架构师角色。这种方法的显著优势在于，它为集中式团队创造了解决更大的、跨领域的关注问题的空间。这些问题十分重要，而单个架构师往往难以抽出时间独自解决这些问题。

混合模式的另一项优势在于能够提升架构师在组织内部的话语权。当架构师身处不同的职能团队时，其意见需要经由团队领导层层传递，这就产生了弱化他们意见的效果。需要强调的是，他们的意见被弱化并非刻意为之，而是此类组织架构下不可避免的结果。

设立集中式架构团队，能够让团队领导在决策讨论中更好地代表架构师的观点。这种方式有助于架构部门发出更为清晰且一致的声音。例如，架构负责人可能会发现，多个工程团队正在处理类似的设计挑战，但缺乏协调，此时负责人就可以建议团队转向更加统一的架构方法。

也许更重要的是，架构负责人承担着更为重要的责任，即与架构师分享和解释领导层的决策。如此一来，尽管这是一个独立的团队，但这种集中式的架构职能可以消除孤立的架构思维。首席架构师负责在组织目标和架构活动之间进行强有力的协调。

在架构团队组织形式的选择范围中，完全集中式的架构团队是与“虚拟”完全相对的一种形式。这种组织形式的最大优势在于它能够有效地扩展架构功能，从而可以直接提供行政管理和项目管理的支持。与其他团队一样，此类支持有助于保证工作顺利进行，甚至加快工作进度。此外，集中式且统一的团队能够确保架构师协调一致，形成统一的声音，这对于处理新兴的和不断演进的架构项目尤为重要。

图 9-1 展示了在产品开发组织内部构建架构功能的三种模式。

总而言之：

- 在集中模式中，所有架构师都向一位领导汇报，这位领导再向组织的领导汇报。这种模式加强了架构团队内部的联系，但架构师团队与工程和其他职能部门的联系相对松散。
- 在虚拟模式中，架构师并不直接向架构负责人汇报，即使存在架构负责人也是如此。架构师向组织内其他部门的领导汇报。架构负责人（如果存在）与架构师之间是一种更为松散的“虚线”的汇报关系。
- 混合模式结合了上述两种方法的特点。一部分架构师直接向架构负责人汇报工作，而另一部分架构师则继续留在工程团队中。

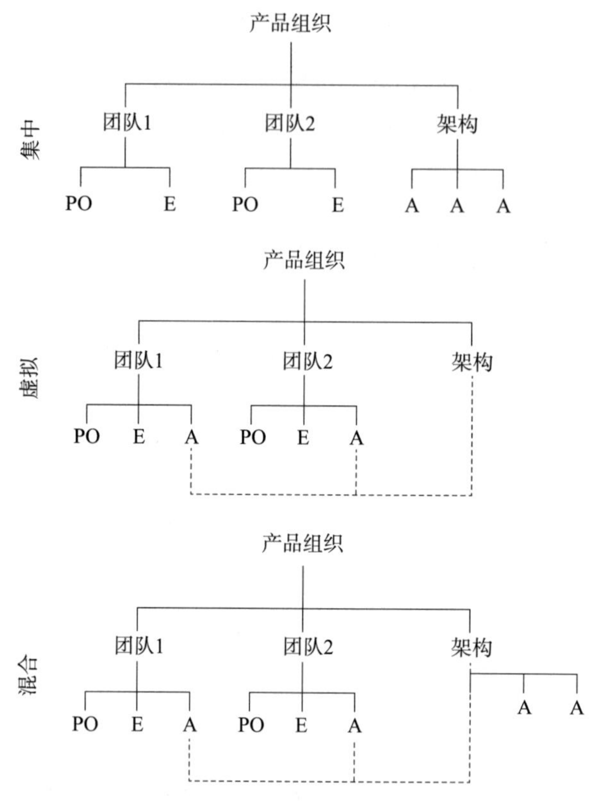

图 9-1 在产品开发组织内部构建架构功能的三种模式。其中，PO、E 和 A 分别代表产品负责人（Product Owner）、工程师（Engineer）和架构师（Architect）。需要注意的是，这些角色的具体头衔和数量可能会因组织不同而有所差异

不同组织的结构差异很大，为了便于说明，图 9-1 中仅示意性地展示了部分团队。同时，团队成员被标识为“产品负责人”“工程师”和“架构师”。然而，组织结构多种多样，并非所有组织都设有产品负责人等职位。因此，图 9-1 中的结构仅供参考，应根据实际情况进行解读，不应视之为固定的模式。

无论最终选择何种模式，与工程团队和其他团队保持一致并进行有效的沟通都是成功的关键。当架构师隶属于同一个集中式团队时，团队内部的沟通相对容易，这是因为很多因素都能促进团队成员之间的持续交流。在这种情况下，领导者需要格外关注架构师、工程师和其他团队之间的沟通，并积极创建沟通渠道。

混合模式存在着一种风险，即可能在集中式架构团队和融入工程团队的架构师之间造成隔阂。为了降低这种风险，可以保持集中式架构团队的规模相对较小，并始终

让部分产品团队中的架构师参与到集中式架构团队的会议、沟通和其他活动中。换言之，集中式架构团队的边界，尤其是在混合模式下，应该是开放和灵活的。

子团队

有些系统规模庞大，即使架构团队架构清晰，也很难由单个团队提供所有服务。当团队人数超过一定规模（例如十几个人）时，管理难度就会加大。为了提高效率，可以考虑将责任下放给专注于特定领域的“子团队”。

子团队的任务分配应与系统的分解相一致。例如，子团队可以负责特定子系统、服务或应用程序的架构设计。正如第 5 章所述，理想情况下，组织结构应与系统结构相匹配。

当子团队拥有清晰的任务分配时，就能够更轻松地确定哪些变更属于其职责范围。如果变更仅影响团队职责范围内的组件和关系，则应由该子团队自身进行管理。

然而，如果变更涉及其他组件或关系，则应提交至主架构团队，避免两个子团队直接处理此类变更。一对一方法的问题在于，它会促使两个子团队倾向于进行局部的变更，以避免影响系统的其他部分。虽然我们不希望任何变更产生超出必要的更大程度上的影响，但我们也需要识别出那些具有系统性影响的变更，并进行相应的处理。当然，这正是主架构团队的职责所在。

9.3　领导力

团队组织结构的构建必须将领导者纳入考量范围，这涵盖了现有领导者和未来所需的领导者。缺乏具备领导能力的人才，集中式架构团队难以取得成功。反之，即使拥有能力出众的架构领导者，若缺乏组织结构层面的支持，最终也可能事倍功半，甚至导致能力强大的领导者产生挫败感。

如前所述，部分项目在架构方面并不需要强大的领导力，这通常是因为这些项目在软件架构方面没有突破性的进展。对于此类团队而言，强有力的架构领导者并非必要的角色，正如集中式架构团队并非不可或缺一样。此类情况尽管存在，但并非本书讨论的重点。

拥有虚拟架构团队的项目需要一位能够胜任的跨团队工作的领导者。许多资深的架构师在架构管理方面拥有独到的见解，正是这类领导者的理想人选。由于这类领导者没有直接的下属，因此无须承担对任何人的直接管理责任，这或许是招募他们担任这一职务的一个优势。尽管如此，他们仍然需要与各个团队中的架构师的主管经理进行协调。

如果向混合模式或集中模式转变，你就需要一位能够承担直接管理职责的架构负责人。具备此能力的架构负责人可能会发现，直接管理可以简化他们的工作，因为他们不需要再与另一位管理者进行协调，后者可能会制定不同的目标，提供不同的反馈等。

对于规模较大的组织而言，一定的层级制度是必要的。尽管可以创建一个独立的架构团队并建立相应的组织结构，但建议考虑采用混合模式以解决规模的问题。具体而言，保持集中式架构团队的精简，以便可以由一名经理负责管理，并将其他架构师分配到各个工程团队中。创建独立的层级结构往往会削弱架构团队与工程团队的合作关系，而混合模式则可以强化这种关系。合作对于成功实施设计方案并确保其顺利运作至关重要。

在采用混合模式时，建议不强调组织的边界，而是将所有架构师视作一个整体，可以称之为“委员会”或类似名称。采用混合模式时，从组织的架构角度来看，有些架构师隶属于集中式架构团队，而另一部分则并非如此。这可能导致不属于集中式架构团队的架构师感到被排斥在外，这并非我们的本意，并且不利于两组架构师之间的协作。为了避免这种情况，要强调所有架构师的团结协作，可以采用“委员会”这样的称谓，以突出其作为整体的必要性。

与此同时，委员会也应避免陷入充当检查员而非架构师的陷阱。仅评审他人架构工作的中央集权式委员会，并不是在做真正意义上的“架构”设计。当然，这并非否定评审的作用，本书前面章节已经探讨过更有效的评审实践。事实上，中央集权式的评审机制往往弊大于利，更容易造成瓶颈和分歧，而无益于架构的改进。

无论是集中模式还是混合模式团队，领导一定规模的架构团队都需要具备强大的架构、管理和领导技能。这类职位通常被称为首席架构师、架构主管等，并且被视为产品领导团队中不可或缺的。他们代表架构团队，与工程、产品管理等部门紧密合作，共同推动产品的成功。

本章其余部分将着重探讨构建和维护高效架构团队所要关注的具体问题和实践。如果你已聘请了首席架构师，那么上述问题都将涵盖在其职责范围内。如果这些问题在你的组织中尚未得到妥善处理，那么现在或许是时候考虑聘请一位首席架构师了。

9.4　责任

架构师的专业化程度固然重要，但过度的专业化也会带来风险。如果架构师只关注自身的专业领域，而忽视其他因素，他们可能会设计出与实际问题脱节的解决方案。例如，如果团队聘请了一位数据库专家，而这位专家想要从零开始设计一个全新的数据库系统，那么只有当这个数据库系统是团队的最终产品时，这种做法才是可取的；否则，对于团队来说，这可能是一个糟糕的选择。

此类问题的另一种更隐蔽的表现形式是，架构师虽然能够完成合理的设计工作，但却未能承担起确保设计落实的责任。这种情况通常表现为，一些架构师在完成了某项变更的详细设计后便不再过问，也没有与负责将设计付诸实践的工程和运营团队进行沟通协作。

无论架构设计以何种形式呈现，忽视现实似乎对架构师们来说都是一种风险，以至于“象牙塔架构师”这一绰号应运而生。事实上，脱离产品开发现实的架构实践毫无价值可言。如果设计方案从未得到实施，或者更糟的是，在开发过程中因不可行而被弃用，那么投入的时间和精力都是徒劳，那将是对整个组织资源的一种消耗。

为规避此类风险，架构师必须对自身工作的实施和落地负责。详细设计的交付并非一项变更工作的终点，一项变更只有在交付使用并明显达到最初的目标和要求之后，才能被视为完成——当然，这才是成功的变更。

强调责任的一个有效方法是在变更过程中跟踪各个阶段。回顾第 7 章中讨论的待办事项列表，我们可以将“实施”和“运营”设置为两个附加状态，用于跟踪每个事项。在变更完成后，不要立即关闭对应的事项，而是继续跟踪，直到该变更具备可运行的跟踪记录。在此之前，负责此项变更的架构师不能认为变更已完成。

如果将此方法应用于现有的项目，参与其中的架构师可能会对新增的职责感到不适应。这充分说明，他们之前认为自己的责任范围仅限于完成详细设计。通过转变预期目标，并要求架构师全程参与，项目将会得到显著改进。然而，我们也要注意到，这需要架构师投入更多的时间和精力，而这些是他们之前未曾考虑过的，因此，可能需要相应地减少他们在新的架构工作方面的负担。

需要再次强调的是，当变更提案处于“已批准”或“已拒绝”这两种状态之外的其他状态时，架构师仍然有责任与工程和运营部门的对应人员进行沟通。也许一切都会顺利进行，但也可能会有新的发现。例如，变更实施过程中是否遇到了技术困难或成本过高的问题？如果的确如此，则可以考虑进行调整，或者为下一次变更吸取经验教训。此外，还需要关注变更是否满足了运营团队在性能、规模和成本方面的预期。如果实际效果未达预期，则可能需要对系统进行进一步的调整。

当问题出现时，应对措施必须有章可循，而不是临时抱佛脚。让架构师全程参与并非允许其绕过既定的变更流程。如果变更未能奏效，切忌随意修改，而是应提出新的变更方案，对方案进行审核，并始终遵循流程执行。尽管这些变更可能只是小小的改动，但也有可能是一个紧急事项，需要优先处理。总而言之，严格遵循流程将有助于避免决策失误、反复修改以及造成混乱的局面。

架构设计过程应该考虑到这一需求。在第 7 章讨论速度时，我曾提到，一个项目的数据表明，典型的设计过程需要耗费 4 ～ 6 周的时间。然而，如果每次变更都需要 4 ～ 6 周才能完成，我们将无法维持任何流程规范，更无法按时交付产品。因此，当实施过程中出现问题时，必须尽可能快速地加以解决。在该项目中，同样的流程可以在保证质量的前提下，将小型变更的完成时间缩短至一天。

作为最后一步，建议对变更的实施和执行过程进行总结，记录经验教训。虽然并非每次变更都需如此，但对于重大变更而言，这种做法尤为重要。如前所述，记录经验教训能够使其惠及更广泛的受众。

归根结底，解决专业化风险的最佳方法并非避而远之，而是要明确强调：架构实践与产品开发的所有环节一样，其终极目标是服务于产品交付，而非本末倒置。如果架构师将产品视为炫技的游乐场，则说明他们尚未真正理解自身角色的定位。

9.5　人才

无论架构团队的规模是大还是小，是采用混合模式还是虚拟模式，它的成功都离不开团队成员的才能和技能。因此，挖掘和培养人才是一项至关重要的工作，也应成为架构团队管理者的岗位职责之一。对于采用混合模式的团队，管理者的职责范围应覆盖组织内的所有架构人才，而不仅限于自己团队中的成员。如果架构师分散在各个小团队中，则挖掘和培养人才的责任可以分配给更资深的架构师，或者组织中领导团队的成员。

无论你的架构实践是如何组织的，明确其存在和运作方式将有助于为组织内的个人创造相关的职业发展路径。明确架构实践，能够帮助个人认识到架构师是一个潜在的兴趣领域，并鼓励他们主动探索这一领域。此外，对于那些希望获得职业发展但尚不清楚如何着手的人来说，明确的架构实践也能为他们提供有益的起点。

最好将架构师的职业发展路径定位为多种选择之一。毕竟，专业化的意义就在于选择。理想情况下，那些倾向于图形处理、数据库或其他领域的个人，会将这些领域视为同样可行的选择。需要注意的是，这并非意味着每个专业都具有同等的重要性，而是强调只有当个人的才能和兴趣与组织的需求相匹配时，才能取得最佳的结果。反之，如果个人仅因为认为架构师是最佳选择，甚至是职业道路中的唯一选择而将其作为专业方向，最终可能会导致糟糕的结果。

你的雇主想必设有人力资源部门，建议你积极寻求与其合作的机会。许多人力资源部门都设有专门的项目，用于发现和培养人才。架构师以及架构师的职业发展路径，应该成为管理类人才培养计划的一部分。

导师计划有助于发现和培养人才。不仅如此，导师和学员双方通常都能从中受益。导师计划可以是正式的，也可以是非正式的。但无论采用哪种形式，都必须明确要求架构师投入一定的时间进行指导，让每个人都能有机会从师徒关系中获益。

架构师应该支持并践行持续学习。诚然，学校的知识储备对于实际工作帮助有限，更多专业技能需在多年的行业经验积累中习得。令人欣慰的是，一些经验丰富的从业者已经将他们的宝贵知识整理成书，供后人学习。阅读这些书籍无疑是提升专业技能的便捷且经济的方式，每位架构师都应充分利用这些资源。

天赋固然是通向成功的关键，但无论是软件架构还是其他领域，要想真正取得成功，还必须辅之以努力工作的意愿。在组织中发现和培养人才时，我们应该寻找那些渴望学习的人，他们不仅善于从自身经验中总结，也乐于从导师、书籍和其他资源中汲取营养。

9.6 多样性

无论是架构领域还是其他领域，一个强大的团队都要拥有多元化的观点和经验。正如第 4 章所讨论的，在最终确定方向之前，针对每个潜在的变更制定多样化的方案（例如变更提案）具有重要的价值。虽然这只是众多例子中的一个，但充分说明了多样性能够推动取得更好的结果。

与自然界不同的是，组织的多样性似乎并非自然形成。相反，人类的偏见往往会导致同质化。例如，在招聘架构师时，我们往往会自然而然地倾向于那些“看起来像架构师”的求职者。如果招聘者本身也是架构师，那么他们就更容易偏向于选择那些与自己相似的人。

遗憾的是，这不是单纯优化招聘流程就能解决的问题。实际上，某些职位甚至难以招募到多样化的候选人。毕竟，当一个人并没有申请某个职位时，任用他便无从谈起。

因此，开发多样化的软件架构功能需要长期的努力。在招聘、面试和雇佣过程中，都应将多样性纳入考量。如前所述，在发现和培养人才时，也要重视这一点。同时，应努力营造包容友好的氛围，吸引更多有技能和兴趣的人才进入这个领域。

无论当前的团队构成如何，请谨记：包容性得以让多样性蓬勃发展。如果团队成员无法舒适自在地做出贡献，包括有时对现状提出质疑，那么即使是多元化的团队也将无济于事。第 7 章讨论的许多实践旨在构建不同的参与模式，从而促进包容性，使每个人都能参与其中。

9.7 文化

当组织内的架构师之间的联系开始融洽起来，无论采用的是虚拟、混合还是集中模式，他们都会逐渐形成一种团队文化，并采纳相应的规范。其中一些规范可能并不起眼，例如，在电子邮件中是否可以使用表情符号？

许多规范将会围绕更为重要的主题而形成。架构领导者肩负着引导这些行为的责任，使其朝着最有利于产品开发组织的方向发展。理想情况下，领导者应该在负面行为形成并造成问题之前就采取行动。

团队文化是一个广泛的话题，我们已经探讨过其中一些具体要素。例如，第 5 章谈及的“开放式工作”在某种程度上就是一种文化规范。第 7 章列出的实践规范也是如此：团队成员是否认真对待这些规范，或者在某些情况下为了方便可以忽略它们？此外，正如前文所述，创造一个包容性的环境也是团队文化的一个重要方面。

除了本书中提及的示例之外，我还总结了团队文化的其他五个重要方面，我认为这些方面是最重要、最值得积极培养的。

- **团队合作**：我们一直在强调“团队”的重要性，但仅将团队合作理解为一群人在一起工作是不够的，尤其是对于虚拟或混合团队而言。真正的团队合作体现在成员之间互相鼓励和支持，而不是各自为战。

  当建立起强大的团队合作文化时，任何成员都不会是单打独斗。遇到难题时，其他人便会伸出援手；需要短暂离开工作岗位时，也会有人及时补位；当你需要审阅文件时，团队成员也会抽出时间提供帮助。与之相反，在一个尚未形成团队凝聚力的群体中，每个人都只具有个体责任感。团队则意味着共同承担责任，成员们协力合作，朝着目标努力，最终由集体收获成功或面对失败。

- **谦逊**：没有人能掌握所有的答案，也不会有人永远正确。当他人质疑你的观点或指出错误时，他们并非刻意挑剔，而是在帮助你改进。团队也是如此：团队当然也会犯错，那就必须保持谦逊，勇于承认并改正错误，方可不断进步。为此，我们必须时刻保持谦逊，清楚地意识到自己可以不断学习、不断精进。

- **伙伴关系**：软件架构的存在是为了服务于开发优秀产品这一宏伟的目标，这一点已在本书中反复强调。架构本身并不是一种手段，也不应为了追求自身的荣耀而刻意为之。成功的软件架构需要与所有参与产品创建和交付的人员建立稳固的合作关系，这通常意味着需要协调多方人员。有关这个主题的更多详细信息，请参阅第 10 章。

- **以客户为中心：** 打造卓越产品的团队永远不会忘记，如果产品无法满足客户的需求，成功便无从谈起。客户追求的并非总是最引人注目、最具颠覆性的设计，亦非最便宜、最简单的方案。以客户为中心还有助于保持紧迫感：客户不仅关注问题的解决方案，更关注解决方案究竟何时能够落地。
- **严谨性：** 架构工作涉及众多环节，包括编写当前系统文档、制定变更提案、决策、沟通以及协调等。架构师需要完成的任务繁多，而时间往往十分有限，因此容易滋生投机取巧的心理，敷衍了事。长此以往，会导致文档不完整、不准确，进而导致决策失误，最终酿成错误甚至失败。

  团队应对这种态势的最好的方法就是严格要求工作流程的每一个步骤。如果团队初次尝试这种方法，可能会感到进展缓慢，因为每一步都需要投入更多的时间。然而，随着时间的推移，这种方法将帮助团队提升工作效率。届时，团队成员便将掌握更完善、更准确的信息，从而做出更合理的决策，并减少后期变更的次数。最终的产品势必更好。

团队文化的各个要素应当相辅相成，共同构筑积极向上的团队氛围。拥有良好团队文化的团队能够持续产出最佳的成果，而且他们的成果是可以预见的。此外，加入这样的团队也最能提升成员的满意度。

9.8 聚会

以我的经验来看，没有什么比共同相处更能将一群人凝聚成团队，共进晚餐的效果尤为显著。我无法解释其背后的原因，但我认为这是根植于人类内心深处的。无论如何，它的确行之有效。

此外，如果架构团队成员能够在较为轻松的环境中共同度过一段时间，团队的工作效率将会显著提高（第 8 章已论述过对话作为沟通方式的重要性）。团队建设、共同进餐、谈天说地，都需要时间投入。

将上述所有因素考虑在内，我们就能充分理解实体团队建设的重要性。这种做法在组建新团队时尤为重要，我建议即使是长期合作的团队也应将其作为一项常规做法。即使每年只能组织一到两次聚会，也会产生积极的影响。团队聚会的时间至少应持续几天，最好是一周。

这些聚会的主题会随着时间的推移自然地发生变化。也许最初的一两次会议侧重于形成共同的概念和术语体系。虽然在一定程度上，这部分目标可以很快实现，但这些概念并非一成不变：产品会随着时间而不断成长和发展，并需要随之进行调整。对于任何大型项目而言，在这些聚会上总会涌现出新的议题需要探讨。

如果团队成员分布在不同地点，那么他们需要通过差旅才能参加会议。这其实是一件好事，因为出差和暂时放下日常工作能够帮助参会者更加专注于会议的讨论。换句话说，要求所有参会者不仅要到场，更要全情投入。

如果团队成员都在同一地点办公，可以考虑更换一下会议的场所，以强调物理空间上的区隔和精神上的专注。你可以选择附近地点的不同场所，办公室里不常使用的会议室也是不错的选择。如果该会议室位于其他楼层或是在隔壁楼中，效果会更好。

9.9　研讨会与峰会

上一节讨论了单个架构团队规模的聚会，这类聚会可能足以满足组织的需求。对于拥有多个架构团队的大型组织而言，可以考虑为这类聚会增添一些内容。

一系列的研讨会为促进跨团队的沟通与协作提供了一种形式灵活且自由、良好的机制。研讨会可安排为每周一次或每月一次，通常一小时的时间足矣。演讲者主要来自团队内部，也可偶尔邀请外部嘉宾进行主题分享。

研讨会应注重互动——创造对话空间是促进跨团队联系的关键所在。因此，演讲者应避免准备过多的材料，以免占满分配的时间。此外，如果条件允许，可对研讨会的内容进行录制，以作为对系统其他文档的有益补充。

定期组织各个团队聚在一起开会是很有成效的，这一点对于规模更大的多团队会议同样适用。多团队峰会需要投入大量的时间和精力进行筹备，还可能产生高昂的费用，因此每年举行一到两次是比较合理的频率。

高效的峰会日程应安排在两到三天内，并聚焦于对广大与会者普遍适用的主题。峰会不应“深入”探讨狭隘的问题，这类问题可安排在其他会议中讨论。此外，峰会还应在用餐时间、较长的休息时间以及一天结束时为与会者预留建立人脉的时间。

9.10 总结

产品开发组织可以采用多种架构实践的组织方式。最佳选择取决于组织自身的情况，例如团队规模、项目性质等因素。团队架构可以是虚拟的、混合的或集中的。组织应选择最能满足自身关注点和需求的模式。

无论选择何种组织结构，都需要将架构师凝聚成一个团队。当他们形成一个团队时，相互间的协作能够为彼此提供支持，帮助每个人发挥出最佳水平。强大的架构团队会对自身在实施和运营过程中的工作负责。通过这种方式，架构团队（即使是虚拟团队）也将成为其他部门最为强大的合作伙伴。

培养一支优秀的架构团队需要管理者付出诸多的努力，这与管理其他团队别无二致。团队管理的首要任务是发现人才、培养人才。团队成员的多样性能够为团队带来价值，同时也有利于推行有效的变革措施。优秀的团队文化应当倡导团队合作、谦逊、伙伴关系、客户至上和严谨的作风，这些要素能够确保团队成员步调一致，朝着正确的方向阔步前进。

为团队留出持续交流的空间，能够为团队提供更进一步的支持。这包括面对面的会议、围绕特定主题的讨论，以及定期检查，从而为重要但不紧急的讨论预留空间。对于规模较大的组织，跨越产品边界的研讨会和峰会能够有效地促进架构社区的形成。

首席架构师负责领导架构团队，这一角色涵盖了架构设计、团队管理和领导力提升等多个方面。对于大型项目而言，首席架构师在制定和实施有效的软件架构实践过程中发挥着至关重要的作用。

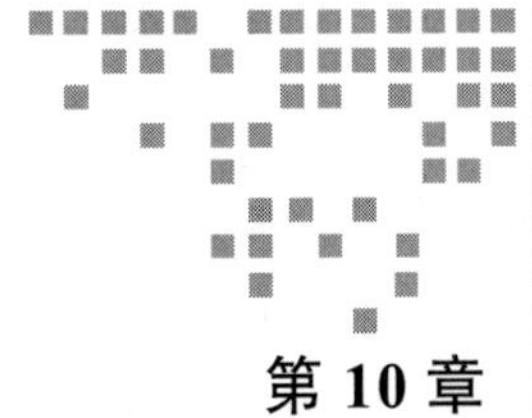

第 10 章 Chapter 10

产品团队

设想一下，独自一人开发一款新的软件产品会是什么样的情景。首先，你需要扮演产品经理的角色，深入了解客户，描述市场需求，并着手开始定义你的产品。接下来，你可能需要兼顾架构师和用户体验设计师的角色，思考产品的核心理念，组织软件组件，设计相应的用户界面，等等。当设计工作足够成熟后，你就可以切换到工程师的角色，开始编写代码，然后进行测试验证。在整个过程中，你还需要投入时间处理项目管理方面的问题，即使你只是在管理自己的时间。之后，一旦产品发布，你还需要分配时间处理运营、客户反馈、市场推广和销售等问题。

需要承担的角色实在太多了，现实中鲜有软件产品是单枪匹马完成的，也就不足为奇了。随着团队规模的扩大，角色会更加精细化和专业化。虽然没有精确的界限，但当团队成员达到数十人时，产品管理、项目管理、用户体验设计、架构、工程、测试和运营等方面的工作通常分别由在这些方面经过专业培训并拥有丰富经验的人员来负责。

因此，软件架构并非孤立的，它是众多专业角色中的一种，而每一个角色对于实现产品的愿景都是不可或缺的。在我们探究架构实践的内部机制时，已经多次强调了在架构实践和更广泛的产品组织之间建立和维护联系的重要性。现在，我们将目光再次转向架构如何与软件产品开发中涉及的其他专业领域协作、相互支持以及相互学习等。

在不同组织中，这些专业角色的定义、职责以及称谓都不尽相同。这是由多种因素造成的，包括组织规模、所属行业、公司文化，以及对如何构建这类组织的不断发展变化的认知。因此，本书使用的分类方式可能与你所在组织的分类方式并不完全一致。如果你从事的是其他学科的工作，你可能会特别意识到，你对自身工作的理解与本书的描述或许并不完全一致。请注意，本书中所选择的结构主要是为了引导出后续的讨论，并非为了规定这些角色应该如何命名，或者应该如何构建软件产品开发组织。

10.1 开发方法论

任何规模稍大的项目都会采用一定的方法论来组织软件的开发过程。软件开发模型种类繁多，例如敏捷开发、螺旋模型、统一软件开发过程[㊀]等。然而，模型的多样性恰恰说明没有一种方法能够适用于所有的组织和所有的产品。

方法论旨在规范工作的完成方式和时间，但无法改变工作本身的内容。举例来说，任何方法论都无法取代用户体验设计的需要。方法论可以规定设计工作的开展时机（是一次性完成还是迭代进行）、优先级等。尽管如此，设计工作本身是必不可少的，任何方法论都无法改变这一点。

同样，尽管不同的方法论对软件架构工作开展的方式和时间有着迥然不同的观点，但无一例外地都强调其必要性。因此，我们可以探讨软件架构的本质、运行环境、变更管理、决策制定等方面，而无须依赖任何特定的方法论。

此外，团队必然会根据自身的需求对方法论进行调整、修改和完善，甚至方法论本身也处于不断发展之中，新的方法层出不穷，旧的方法逐渐淘汰。如果让软件架构实践依赖于某种特定的方法论，那么它将很快失去意义，并且必然走向过时。架构如同用户体验设计一样，自身作为一门学科，是所有方法论都必须考虑的因素，而非相反。

然而，要创建有效的架构实践，无论你采用何种开发方法，都需要将你的架构实践与产品的开发方法结合起来。这些实践可以分为两个部分：一部分取决于具体采用

㊀ 统一软件开发过程（Rational Unified Process）是一种软件工程方法，为迭代式软件开发流程。最早由 Rational Software 公司开发，因此冠上公司名称。Rational Software 公司后来被 IBM 并购。——译者注

的方法论，另一部分则不受方法论的限制。

与具体方法论无关的部分涵盖架构原则、愿景文档以及系统文档。由于这些内容构成了架构工作的基础，因此无论采用何种方法论，都应予以执行。当然，如果这些内容恰好与组织所采用方法论的某些方面相吻合，也是完全没有问题的。例如，许多组织都会制定年度计划，这正好为更新愿景文件提供了绝佳的时机。

变更提案正好位于依赖具体方法论的那部分之中。回想一下，变更提案代表着工作量的增加，将系统从当前状态演进到未来的目标状态。虽然变更提案的本质不会因方法论而异，但制定变更提案的时间点和界定其范围的方式却会受到方法论的影响。

以强调在实施开始前完成设计工作的方法为例。这不过是换了一种说法，即变更提案应该在设计阶段制定完成。由于所有的设计工作都集中在前期，因此可能会有很多提案需要制定，而且这些提案的范围可能会很大。尽管架构团队在这一阶段的工作十分繁重，但这种方法丝毫不会改变设计的必要性。

相反，强调“及时设计”的方法论倾向于在每次迭代中选择更小的变更提案。在这种情况下，制定原则和愿景的价值就真正凸显出来了，因为它们有助于这些小增量变更之间的协调。如果没有这种强制约束，那么许多较小的设计很可能相互冲突，而非相互促进，这将带来真正的风险。

基于变更提案的方法的一大优势在于其可扩展性，能够灵活应对从简单到复杂的不同情况。采用这种方法，你无须因为开发方法的变化或演进而对架构流程进行根本性的调整。毕竟架构工作依然围绕架构进行，其本质不会改变。

这种灵活性之所以有帮助，是因为在实践中你可能会发现需要进行调整。假设你正在采用预先设计的方法，但后来在实施过程中发现了设计缺陷。此时，你无法将整个项目回退到设计阶段，但可以进行一些即时设计来解决问题。这种灵活性无疑非常有帮助。

相比处理规模更大、范围更合理的提案，处理数量过多、规模较小的、零碎的即时提案反而更加困难。因此，即使采用高度迭代的方法，一些变更提案也会自然而然地演变为更大的增量。

归根结底，架构流程的最终目标应该是支持组织的方法论，而不是支配它。同时，这些调整不应削弱团队做好架构工作的能力。

10.2 与产品管理部门合作

架构师需要产品经理提供以下两样东西：首先，清晰的能力和需求的集合，以明确下一步的构建目标；其次，这些能力规划的发展轨迹，以展现其随时间推移的变化方向。

从客户的角度来看，能力是指产品所能实现的功能。能力通常与特性和功能相对应。例如，文字处理程序具备打印能力。调用该能力时，会触发一系列操作，包括选择打印机、调整文档格式以适配打印机、生成打印流、将打印流发送至打印机等。如果你正在开发一款文字处理程序，你的产品经理必然会要求产品具备打印能力。

能力并不总是表现为具体的特性和功能，它们也可能与“非功能性”的需求相对应，后者通常与性能和其他可靠性的因素相关。例如，假设你的文字处理程序已经具备了打印的能力，但它只能处理 100 页或更小的文件。在这种情况下，打印大得多的文档（例如 10 000 页）就可以被合理地描述为一种新的能力。事实上，在扩展的过程中遇到的挑战，如打印越来越大的文档，往往需要大量的架构工作。

能力被描述为一组需求。与架构设计中所产生的设计文档、规范和其他产出一样，能力也应当以书面的形式记录下来。推荐使用基于模板的文档来记录能力，这种形式可以捕捉细节，并支持异步评审，而其他交流形式（如演示和讨论）则无法实现这一点。

需求定义了能力必须实现的内容，同时也隐式地界定了其无须实现的部分。例如，我们可以通过以下需求来描述打印这个能力：

- ❑ 应用程序必须允许用户使用系统打印设置和对话框将当前文档打印到任何可用的打印机。
- ❑ 应用程序必须支持用户在打印文档时为输出内容上添加“草稿”水印。

作为架构师，仅凭这两项需求，我们就能大致了解需要设计的内容。例如，很明显，我们不应该将精力投入开发专有的打印对话框或连接方式中。虽然这可能适合某些应用程序，但此处的需求明确且有效地指出，我们的应用程序将利用底层操作系统的打印功能。毫无疑问，这是一项具有重要架构意义的需求。

尽管上述两项需求都有所说明，但它们忽略了与性能和规模相关的需求，这是一个疏忽。人们可能会认为，这类需求是可以合理推断出来的。毕竟，谁还没使用过打印机呢？然而，在实践中这样的假设却会导致麻烦的出现。例如，作为一名架构师，你可能认为每秒打印一页纸的速度是完全合理的，但你的产品经理可能知道，客户使用的高速打印机的速度要比这快一百倍。

作为一名架构师，你的职责并非推断这些缺失或隐式的需求，但识别出它们却至关重要。经验丰富的架构师通常会敏锐地察觉到这些缺口，并要求产品经理予以填补。在评审需求时，应当时刻思考：这些需求是否涵盖了吞吐量、延迟、规模、效率等方面？当然，这些思考的维度会因项目领域而异。请务必结合自身的工作内容，尽力识别潜在的缺口。如有可能，建议与产品管理团队协作，将这些关键点纳入需求模板，以完善需求收集的流程。

还需要预先考虑到潜在的变更。能力的扩展并不一定总是需要修改设计：有时，当前的设计可以适应新的功能，即使需要添加一些新的代码。又或者，设计可能需要在当前架构的框架内进行一些增强。这些都是理想的结果，因为它表明系统当前的架构与其不断发展的功能能够很好地保持一致，并且能够以最低的成本来实现新的功能。

当开展新工作时，尤其是在可能需要进行架构调整的情况下，我们应该寻求能够提供充分自由度的需求，以便探索两种乃至更多种可行的方案。产品经理在编写需求时，可能会隐晦地表达他们倾向的方案；而架构师则可能会在项目的早期就分享他们正在考虑的变更，从而无意中助长了这种倾向。如果团队的每个人看起来已经就某个方案达成一致，那么编写基于该方案的假设或暗示具体实现的需求看似简单便捷，实则并非最佳实践。

要避免落入这种陷阱，要敢于拒绝过度规定的要求。这样做最明显的好处是，当你改变主意时，不会受到约束。毕竟，最初你只是分享了初步的想法。一旦你了解了全部的需求，并经过深思熟虑，你很可能会改变主意而采取另一种方法。毕竟，评估备选方案本身就是架构工作的一部分。

然而，如果需求描述暗示了一种特定的实现方式，而你却选择采用另一种方式，这就会产生问题。在这种情况下，你的实现可能无法满足所提出的需求，即使它很可能符合预期要求。这两者之间的差距就是问题所在。避免这种差距的唯一方法就是在确定需求时避免任何关于实现方式的假设。

更糟糕的是，这种信息差距可能掩盖重要的假设和误解。举例来说，假设产品经理撰写了关于“保存为 PDF”功能的需求。你最初的想法可能是利用现有的打印功能来实现，毕竟 PDF 捕获的正是打印页面的表现形式，两者都需要相同的页面排版工作。听到这种想法后，产品经理可能会倾向于要求将“保存为 PDF”功能实现为一种打印机类型。

不过，PDF 文件并非只是简单的页面上的效果。作为一种电子文档，它可以进行加密并包含实时表单字段等功能。诚然，这些功能非常实用，但对于打印来说并不重要，你的打印相关的代码也无须处理这些功能。那么，这是否意味着支持这些 PDF 功能并非必要？或者，你的产品经理是否认为可以稍后再添加这些功能？

当需求描述侧重于“如何实现”而非“预期目标”时，就会出现这类问题。如果需求限制了你选择不同设计方案的自由，那么它很可能就陷入了这个陷阱。即使你真的打算采用需求中暗示的实现方式，也要提出你的质疑。当你重新审视需求，将其重点放在“预期目标”上时，你可能会发现一些影响设计的新需求或新的考虑因素。

在评审需求时，你还应该询问你自己以及产品经理如何知道是否满足了需求。你和你的产品经理都需要了解判断的标准。理想情况下，需求应该以具体且可检验的断言形式呈现出来。例如，比较以下描述“另存为 PDF”功能的方式：

- ❑ 应用程序必须允许用户将文档保存为 PDF 格式。

这是一个可测试的说明：应用程序要么允许这样做，要么不允许。但这不够具体，可能会导致产品经理最终获得的功能低于预期。

作为一名架构师，你需要尽早发现并明确任何隐藏的假设，以便在设计中予以考虑。你的产品经理可能本来是想写出与此更接近的内容：

- ❑ 应用程序必须允许用户将文档保存为 PDF 格式。
- ❑ 当将文档保存为 PDF 格式时，应用程序必须提供使用密码进行加密以保护文档的选项。

- 将文档保存为 PDF 格式时，应用程序必须提供将文档中所有表单字段转换为可填写 PDF 表单字段的选项。

也许这些都是画蛇添足，真实的情况可能只是需要一个简化版本。无论如何，明确需求是非常重要的。简化版本（无加密，无实时表单字段）更简单、创建速度更快，因此无须投入资源来实现非必要的功能。相反，如果确实需要额外的功能，设计时则需将这些选项纳入考量。此外，将文档中表单字段的概念映射到 PDF 表单字段的需求可能会促使你重新思考具体的方法，以更好地协调这两种实现方式。

10.2.1　提供帮助

我们已经详细讨论了架构对于产品管理的要求。但与任何良好的合作关系一样，信息应该是双向流动的。产品经理需要权衡多方因素进行复杂的决策，这些因素包括客户需求、对产品和市场方向的个人判断、公司的战略目标、项目进度、截止日期等。

作为一名架构师，你可以为产品开发提供宝贵的见解。你可以帮助分析哪些新特性或功能可以轻松实现，哪些可能需要付出更多的努力。尤其重要的是，你需要让产品经理了解哪些功能的交付周期较长，因为实现这些功能可能需要进行大量的设计工作或重大的系统变更。交付周期和工作量是产品经理进行决策时需要考虑的两个重要因素。

更为有效的是，为系统所实现的概念建立一种通用语言和共识。概念（详见第 2 章）提供了一个理想的抽象层次，能够在不涉及具体实现细节的情况下，讨论系统的功能。因此，用概念来讨论系统，可以像之前讨论需求时那样，将两者分离。也就是说，架构师能够在不影响系统功能的情况下，更改或替换设计方案。

例如，假设你的产品经理希望在应用程序中添加“保存为 PDF”这个功能。他们了解此功能与打印功能的相似之处，并希望尽快发布。他们指出，应用程序已经具备了打印的功能，因此添加“保存为 PDF”的功能应该可以快速完成。

概念为我们提供了一种机制，可以帮助我们梳理和讨论隐藏在其背后的潜在假设。应用程序本身已经具备“打印”的概念。如果将“保存为 PDF”视为打印概念的一个方面，那么添加该功能将会相对简单，但同时也会受到打印功能本身范围的限制。由于打印功能本身并没有解决加密和表单字段的问题，因此基于打印功能的“保存为PDF”功能也无法解决这些问题。

你的产品经理可能希望添加一个新的概念，例如“保存为 PDF”。这个概念将涵盖 PDF 文件格式的特定功能，它与“打印”概念相关，甚至可能利用部分相同的代码，但两者并不完全相同。

或者，“保存为 PDF”这个功能或许只是格式转换概念的第一个功能。基于这一更为宽泛的概念，我们可以考虑其他的输出格式，例如 HTML。当然，这也需要进一步明确格式特征的概念：PDF 可以加密，而 HTML 不能，但两者均能够支持实时表单字段。该概念需要对这些异同点进行建模分析。

为了实现这一点，需要将与产品管理部门的对话从功能转向概念。有了对概念的共同理解，产品经理便能够更准确、更独立地推理出满足新需求的成本。此外，这也将对话与架构所需的能力轨迹（详见第 3 章）联系了起来。

10.2.2 其他成果

并非每次与产品管理部门的接触都会导致系统的变更。事实上，部分需求简单到足以在现有设计框架内得到解决，这些情况无须修改系统。如果遇到这种情况，可以将其视为一次成功，并继续处理下一个挑战。

在对需求进行评审并将其映射到概念、能力和功能的过程中，有时会引发广泛的讨论，最终可能导致需求被完全放弃。但这同样可以被视为一种成功的结果。

这种情况通常由两种原因导致。第一种原因是，评审过程中发现需求不够明确。例如，最初起草需求时，可能没有考虑到“打印为 PDF”和“保存为 PDF”之间的区别。随后的讨论则有助于梳理这些概念之间的差异，并最终确定哪个才是所需的。这可能需要我们重新审视用例。

经过一番评审，产品经理或许会认定“打印为 PDF”功能足以满足用户的需求，无须支持额外的 PDF 功能。底层操作系统内置的“打印到 PDF”的功能已满足需求。因此，该需求可以被撤销，无须开展进一步的工作。如此一来，宝贵的架构和工程时间得以节省下来，用于其他工作，这无疑是一个非常理想的结果。

第二种原因是投资回报率过低。现在考虑一个反例：假设明确的需求表明“保存为 PDF”是所需的功能。此外，实现此功能需要修改应用程序的文档模型，尽管当前的模型包含表单字段，但它不支持转换为 PDF 格式。

当然，这些都是可以改变的。但是，变更的范围将不再局限于打印子系统，而是会扩展到其他领域。仅基于这一点，产品管理部门就可能认为该功能不值得开发，最终决定放弃该功能。即使没有发布任何新功能，这也同样是一个较为理想的结果。

10.2.3 设定边界

虽然偶尔会出现容易解决的新需求，但大多数需求意味着需要投入工作，无论工作的重点是架构、设计还是实现方面。产品管理部门负责确定功能的优先级和排序，进而决定相应工作的优先级和开展顺序。同样，产品管理的核心职责是充分了解客户和市场，以便做出合理的决策。

有时，一些组织会混淆产品管理角色的这一方面与所有架构和工程工作的优先级和排序。换句话说，产品管理部门有权决定何时开展并非由需求直接驱动的工作。

这是一个需要避免的错误。架构团队将这类决策提交给产品管理部门，实际上是放弃自身关于决策是否进行此类工作的责任。然而，产品管理团队也并不具备做出此类决策的能力，因此这对他们来说是不公平的。

当出现这种行为时，意味着架构出现了功能失调。这表明虽然架构团队想要对架构或设计进行一些变更，但他们意识到投资回报率可能会很低，甚至无法确定（通常情况下，这种提议的变更常常会涉及采用某种新的技术）。如果进行冷静而理性的评估，几乎可以肯定变更不会发生。

架构团队可能会寄希望于产品管理部门的参与，试图通过获得产品管理部门对其预期方案的支持，来支持有关这个变更的想法。然而，这对产品管理部门来说同样有失公允。如果该变更的目的是满足某些现有需求，那么无须进一步确认。但如果不是，并且这确实是一个架构上的问题，那么产品管理团队如何做出判断？从产品管理的角度来看，唯一合理的答案只能是“不”。

这里的重点是说，架构团队并非不能优先考虑工程工作。相反，他们有必要这样做。但是，当这样做时，他们必须能够完全基于架构方面的理由来证明其合理性。这项工作应该是被考虑的几项变更提案之一，并且沿着这条道路前进的理由应该是明确的。

最终，是引入新的组件还是利用现有的组件，是发展系统关系还是维持现有形式，这些都是由架构师来决定的。切勿因为回避决策而弱化架构师的作用。

做出这些决策并非易事，但这却是工作的一部分。如果你在权衡取舍时遇到困难，可以寻求同行或其他资源的帮助。更多关于决策过程的内容，请参考第 6 章。当然，你很可能会做出错误的决策，毕竟我们都会犯错，但你需要对自己的决策负起责任。

10.3 与用户体验团队合作

用户体验团队，有时也被称为体验设计团队，是架构团队重要的合作伙伴。虽然用户体验团队经常以“像素级”的设计来展示他们的工作成果，但这些设计背后所代表的工作意义却远不止于此。如果设计合理，用户体验将能够反映并传达系统的核心理念。

当一个产品的设计能够准确地反映其内在概念时，用户便可以建立起对该产品正确且有效的心智模型。借助这种正确的心智模型，用户就会发现产品的行为符合预期，并体验到产品与预期相符的愉悦感，避免因产品行为难以理解而带来的挫败感。

一个产品能否真正地取悦用户，并不仅取决于它是否具备实用的功能。产品的实用性固然是一个必要条件，但却并非充分条件。如果用户对产品的工作原理存在误解，那么即使产品本身功能强大，他们使用起来也仍然会困难重重。

为了打造令人愉悦的产品，需要构建能够准确传达产品内在概念的用户体验。为此，用户体验团队和架构团队必须就这些概念达成一致。

人们很容易想当然地认为，架构师理应负责建立系统概念，而用户体验团队的任务则是准确传达这些概念。然而，这种想法却不利于建立两个团队之间的伙伴关系。

无论如何，如果一个概念模型不能向用户体验团队解释清楚，或者对他们来说没有意义，那么这个模型就很难取得成功。毕竟，如果用户体验团队都无法理解，又怎么能够期望用户去理解呢？

与用户体验团队紧密合作，共同制定出一个适合目标的概念模型，这一点非常重要。产品管理部门也应参与其中，因为一个好的概念模型需要经过三重考验：

- 满足产品管理部门设定的需求。
- 通过合理的系统架构设计，可以实现该目标。
- 可以通过简洁的用户体验传达给用户。

最终，当产品、体验和架构在这些核心概念上达成一致时，有关所有权的争议就变得无关紧要了。

10.4 与项目管理团队合作

项目管理团队负责协调每个版本中的各项工作，包括任务分配、依赖关系、进度追踪等。当然，架构任务只是其中较小的部分。

在项目管理中，明确架构工作的必要时机至关重要，你可以对此提供帮助，避免模棱两可的情况出现。产品的重大变更往往需要调整架构，而更常见的情况是在现有架构基础上进行新的设计工作。当然，如果现有设计能够满足新功能的需求，则无须进行任何设计工作。

你可能对这些区别理解得非常透彻，但你的项目管理团队却不一定。因此，尽早向管理团队明确阐释这些区别尤为重要，这将有助于他们准确地估算出工作量、范围以及规模。

为确保此类沟通产生效果，项目管理团队需了解架构团队可以参与的不同模式。如果架构团队此前并未遵循严格的架构实践，则有必要向项目经理详细解释这些区别和流程。

架构团队还可以通过制定、描述和展示设计流程来帮助项目管理团队进行协调工作，从而帮助项目按时完成。例如：

- 如果在开放的环境下工作，项目经理可以轻松地了解到各个设计任务的进展情况，例如哪些已经开始、哪些尚未开始。

- 如果使用标准设计模板，项目经理可以轻松地查看设计进度，例如模板的哪些部分已完成、哪些部分尚未完成。
- 如果明确规定项目的所有权和审批权限，项目经理便可以清晰地了解在确认项目状态和计划时需要与哪些负责人进行沟通。

在与项目管理团队进行有效合作的过程中，架构工作的完成机制能够对职责进行划分：需要完成哪些工作由架构团队决定，而工作完成的时间则由项目管理团队决定。此外，这种方式的另一个好处是，它能够帮助你和你的团队从项目管理的具体事务中解脱出来，从而更加专注于架构设计工作本身。

项目管理必然涉及对工作事项之间依赖关系的管理。在这方面，需要注意避免不正确或过于严格的规则。举例来说，我曾不止一次遇到这样的情况：架构师在需求文档完成前拒绝进行评审，而工程师则不想在设计方案完成前对设计进行审查。这实际上暗示着前后任务之间存在着“完成－开始”的依赖关系。

这种行为反映了对工作方式的一种误解。一般而言，只有当任务的接收者确认其完成，才能认为该任务真正结束——例如，架构师负责需求，工程师负责实施变更提案。而接收者判断任务是否完成的最佳方式，就是开始进行下一项任务！作为一名架构师，只有当完成一份变更提案的完整草案后，才能确定需求是否完整；同样，只有当工程师全面审查了变更提案后，才能确定该提案是否完整。

因此，这些任务之间正确的依赖关系应该是“完成－完成”。这意味着，在前一项任务完成之前，下一项任务是无法完成的。但是，下一项任务可以——而且必须——在前一项任务完成之前很早就开始。

在规划和安排架构工作时，项目管理同样是一种宝贵的资源。尤其是在规模庞大、结构复杂的项目中，需要协调处理的任务往往种类繁多，且范围和优先级各不相同。如果项目管理团队要求你对各项任务的完成时间做出承诺，那么说明双方在沟通上存在一定的误区，导致你承担了过多的进度安排方面的工作。

工作应秉持开放的原则。以你的流程为参考，详细列举出需要完成的工作内容并预估其范围。然后，与项目管理团队紧密合作，共同制定一份计划，以合理地平衡和安排各项工作。你可能会发现，原定于 6 月份完成的设计任务实际上可以推迟到 8 月份，因为工程团队在此之前一直处于忙碌状态，或者该设计任务最早也只能在 8 月份启动，因为届时相关需求才能最终确定。通过将沟通的重点从日期节点转移到整体计划上来，你可以积极寻求项目管理团队的支持，共同发现问题、清除障碍，并充分把握各种情况，最终实现项目的顺利推进。

10.5 与工程团队合作

优雅的架构和精妙的设计最终需要工程团队来实现，因此与工程团队保持良好的关系是项目成功的关键。在变更流程的每次迭代之前、期间和之后，你都应与他们保持联系。

从熟悉当前的实现情况入手。如果你是项目的新手，请先找到源代码仓库并开始阅读。你的目标并非逐行阅读所有代码，而是对实现的整体结构有一个基本的了解。

即便只是对代码结构和质量有了基本的了解，也能为你提供关键的信息。例如，假设你正在审查一个客户端应用程序的代码，该应用程序调用了各种 HTTP API。在利用 Web 架构进行客户端与服务之间的通信的系统中，这不足为奇。架构团队可能设计了 API，或者至少指定了 API 的设计标准。

即使如此，工程团队也还是会对如何实现这些调用做出决策，其中一些决策相当重要。例如，他们是使用平台自带的 HTTP 库（即操作系统提供的库），还是应用程序包含了自己的 HTTP 库？此外，该 HTTP 库是多线程的还是事件驱动的？它是否能够以流的方式处理大型请求和响应，或者是否必须将它们全部加载到内存中？

对于这些问题，很多都没有绝对的对错之分。熟悉方案的实现过程，和对其进行批判性分析，两者并不等同——尽管在熟悉的过程中，不可避免地会形成一些批判性的思考。然而，对许多应用程序而言，这些实现的细节并不重要，几乎任何一种方法都能达成目的。

不过，有时它们也会非常重要。如果应用程序需要通过这些调用发送或接收图像，则基于内存实现的请求和响应处理的方式就显得不理想了，因为它难以处理较大尺寸的图像，并且缺乏可扩展性。如果目前图像大小还未构成问题，可以先不考虑这一点，留待日后解决。

通常，这些考虑因素目前还不是问题，但稍后会因为另一项变更而浮现出来。例如，也许应用程序目前处理图像的效果已经足够好，但产品管理部门希望在下一版本中添加对视频的支持。对视频的支持无疑将大大增加你正在负责处理的 API 的难度，从而带来了新的挑战。

归根结底，熟悉现有的系统，最终是为了提升我们的认知水平。通常来说，现有系统的实现方式并不会有太大的问题，它能够满足当前所有的功能和性能的需求。否则，团队会将不符合要求的部分认定为缺陷并着手加以解决。

并不是说每个实现都需要处理所有可能发生的情况，事实恰恰相反。使用基于流的 HTTP 代码库会增加系统的复杂性，甚至可能导致第一个版本延迟发布。对于当前版本而言，尽可能保持简单的实现具有实际价值，这通常也是最佳策略。如果无法及时发布支持图像处理的版本，那么可能永远没有机会在后续版本中添加视频支持功能了。

再次强调，你的目标是了解这些限制，以便提前做好规划。在评估新需求时，你应该足够熟悉实现的方法，能够判断哪些需求可以直接满足，哪些需求需要对代码进行更广泛的修改。所谓“直接满足”，是指当前代码的实现只需要进行少量修改即可满足新的需求。

保持这种意识是否是工程团队的责任？答案是肯定的，我们不能将此责任完全归于架构团队。然而，如果架构团队总是对代码编写方式做出各种假设，而工程团队需要不断纠正这些错误的想法，那么你和你的工程团队都会感到十分厌烦。相反，如果你对代码非常熟悉，你就可以将这些基本的事实与工程团队共享，双方就能在此基础上展开高效的合作。

在着手新的变更提案时，应邀请工程团队参与进来。如果是在开放的环境下工作，这种参与就能够自然而然地发生：当你启动一个新的变更提案的文档草案时，工程团队会注意到，并会在感兴趣的情况下查看你的提案。你可能会在准备就绪之前就收到他们的反馈。这无疑是积极参与的信号。同时，开放的工作方式不应成为回避积极沟通的借口。如果你正在推进的变更提案需要工程团队的参与，请务必提醒他们注意。

在工程团队参与变更提案的过程中，项目管理人员也可能希望他们能够提供一些初步的估算。估算和工作的分解是推动审查的绝佳视角。首先，它们强制要求彻底性：工程师将希望审查变更的每个方面以得出完整的估算。其次，估算可以为工程提供校验。如果一项变更的工程成本与架构师基于当前实现的了解所做出的粗略预期不符，那么估算结果就应该引起足够的重视，相关人员需要进一步调查差距出在哪里。

这种差距有时源于沟通不畅。无论我们如何力求清晰地表达，工程师的理解也可能与我们的预期存在偏差。在这种情况下，与工程师进行沟通可以发现这种误解，进而解决问题并更新文档。

如果对变更已经有所了解，但对工作量的估计却存在分歧，那么便会引发更深层次的担忧。此时，需要深入调查，这往往表明架构师对于系统的理解存在偏差。当然，也可能变更本身是合理的，因此必须接受较高的估算。

通常情况下，如果能更好地理解系统的当前状态，就可以设计出真正降低实施成本的变更方案。但这并不意味着可以“偷工减料”！大多数需求都可以通过多种方法来解决。在工作过程中，我们一直在许多重要因素之间进行权衡，成本当然是其中之一。我们追求的不是以牺牲功能性或非功能性需求为代价的成本节约。相反，我们要寻找的是与现有系统基本相当，但成本更低的替代方案。这也是一个强大的架构流程会在确定最终方案之前先制定多个相互竞争的概念方案的原因之一。

贯彻始终

架构师参与工程项目，并非在变更提案获批后就宣布大功告成。事实上，在整个项目的实施阶段，直至产品投入使用或进入生产阶段，架构师都需要持续参与，这对项目的成功至关重要。

如果要履行合作关系中的责任，架构团队就必须与工程团队合作。随着工作的推进，不可避免地会出现有关变更的问题，而架构师应当负责在现场解决这些问题。请谨记，每一个问题都蕴含着宝贵的反馈。当变更的细节模糊不清或缺乏明确说明时，往往会引发这些问题。团队应当及时解决当务之急，并在可能的情况下为下一次迭代吸取教训。

谈到迭代，要避免在变更提案获得批准后再进行修改。当然，我们也应该认识到，进一步的修改可能是必要的。例如，详细设计中可能存在错误；或者在开发后期，可能会发现更优秀的方案，这些都需要我们认真考虑。甚至，需求本身也可能发生变化，导致计划中的变更需要重新考量。

无论是什么原因促成了变更，请务必牢记，任何变更都应通过变更流程来进行处理。也就是说，与其修改已批准的变更，不如发起一个新的变更，然后将所有新的修改包含在内。正如第 4 章所述，你会发现坚持这种做法对保持所有人的一致并减少混乱大有裨益。

在监控实施过程的同时，你可能会发现一些可以改进的地方。这些改进可能并非当前需求的必要部分，但可以简化系统，提高可靠性，或者添加新的功能等。即使这些想法最终并非都会实现，也请将其记录在你的待办事项列表中，以免遗漏。

架构师是否必须编写代码？

在小型团队中，由于成员角色之间的区别较小，架构师也可能负责将自己提出的变更提案以代码的形式实现（至少是部分实现）。这种做法并无不妥，实际上，小型团队要求在角色和职责方面具有足够的灵活性。

在规模较大的团队中，架构师是否“应该”或者“必须”编写代码有时会引发争议。这种争议的潜台词是，如果架构师不参与编码，他们就无法提出可信的设计方案，工程师自然也就无须听取他们的意见。

这种说法似是而非，实则误解了专业化的价值所在。我们并不要求架构师必须兼任产品经理，也不要求所有工程师都必须是架构师，更不要求图形工程师必须具备优化 SQL 查询的能力。同理，编码能力和架构可信度之间也不应被视为存在必然的联系，它们与其他任何技能的组合一样，都可能存在与角色不匹配的情况。

此外，架构设计和代码编写都是对智力要求极高的活动。要求一个人持续不断地同时进行这两项工作，最终将导致我们无法充分认可其为做好每一项工作所付出的努力。毕竟，架构设计和代码编写之所以发展成为两个独立的专业角色，正是因为它们各自的复杂性和挑战性。

毫无疑问，对于任何高效运作的团队而言，不同角色成员之间相互尊重、彼此感谢对方的贡献都至关重要。秉持这一理念，架构师和其他工程师也需要像其他任何两个角色一样，努力构建彼此之间的信誉与信赖。如果对于某个团队中的某些架构师来说，达成这一目标的方式是编写代码，那就去写好了。但我们也要清楚地认识到，编写代码的能力并不能取代团队协作的辛勤付出。

10.6　与测试团队合作

理想的情况下，你的项目应该配备专门负责测试、验证、质量控制和质量保证的团队——无论最终的命名方式如何，该团队的核心目标都是确保软件能够按预期运行。在这里，我们将统一使用“测试”来指代这一系列的工作，并无意冒犯那些偏好其他称谓的专业人士。

全面的功能测试会在多个环节对产品进行验证。测试从产品最终的功能开始验证，验证产品的功能和特性是否按照预期运行，即其中不包含任何会导致故障的缺陷。例如，调用 API 时，系统应该执行该 API 文档中规定的操作。它不应导致其他操作、不正确的输出或内核崩溃。

全面的功能测试不仅需要评估系统是否满足基本的功能需求，还需要评估其是否满足可靠性的需求。API 的规范不仅应描述其功能，还应涵盖可扩展性（有多少个同时发出的请求）、性能（如响应时间）、恢复能力（如应对硬件故障的恢复能力）等方面。所有这些属性都是可以测试的。

真正全面的测试功能将验证系统的功能是否满足设计输入中所述的要求。换句话说，我们不仅想知道 API 是否按照 API 文档所述的那般执行操作；我们还想验证 API 所做的工作是否满足了设计时的要求。

测试如何实现这些目标并非本书讨论的范畴。从根本上来说，任何变更都可以通过测试来验证其是否运作正常、是否满足要求等。尽管如此，架构在辅助测试和验证方面仍能发挥重要的作用。

我们从文档开始。测试团队通常也是从这里开始工作的。从系统规范入手，他们可以确定可测试的断言，并以此为基础制定测试计划、设计测试场景等，以验证这些断言。文档质量越高，就越能确保测试的有效性和正确性。

优秀的文档不仅会描述系统的功能，更重要的是能够准确地阐释系统背后的核心理念，帮助读者形成对系统运作机制的清晰的心智模型。当测试人员拥有了这种准确的心智模型后，便能准确推断出系统的预期行为和非预期行为，这是创建正确和完备的测试的基础。

在编写文档时，请尽量考虑测试人员的观点。优质的文档应始终以读者为中心，而测试人员正是其中至关重要的一环。阅读完文档后，他们是否能获得足够的信息来验证相应的实现？

如果你的测试团队能够尽早参与进来，那么从他们的角度出发考虑问题就不再是纸上谈兵，你可以直接邀请他们参与评审流程。更理想的情况是，如果你以开放的方式工作，他们自然会积极参与进来。让测试团队尽早参与是提前完成测试的有效途径，从而更早地发现缺陷（或者只是误解），因为在早期阶段解决这些问题会更加容易。

在进行系统设计时，需要将测试环节纳入考虑范围。一般来说，设计的难点在于如何在保证系统完整性的前提下，增强其透明度。系统内部状态的可见性越高，越有利于测试人员进行行为验证，同时也有助于调试的过程。

在大多数情况下，你会发现，创建结构清晰、松散耦合的设计能够很好地帮助你实现目标。其中的关键在于，当组件之间的绑定最小化时，它们之间的连接就会成为检查点，从而能够针对这些检查点编写测试。

测试团队可以通过多种方式利用这些连接。其中最简单的方式是将其用于检查。基本接口提供对重要属性和状态信息的只读访问权限，能够帮助测试人员在测试过程中验证系统的状态。

检查系统的中间状态非常有价值，因此许多系统都会包含诸如日志记录的功能。实际上该功能就是在系统运行期间提供一个始终在线的只读视图。当然，是否需要记录日志取决于你正在构建的系统。如果需要，你应该将日志视为生成日志的组件接口的一部分。尽管你无须像记录程序接口那样严格地记录日志的行为，但记录一些基本的预期能够帮助测试团队更可靠地将日志事件用于验证过程。

在更为复杂的方法中，连接可以用于插入测试代码。这些代码的功能可能较为简单，只是监控或记录事件和调用；也可能较为复杂，例如改变不同组件之间的行为。该技术可以被用于有意向系统中注入故障[㊀]，从而合成故障状态，并对受这些状态影响的组件进行评估。

此类方法也与为单个组件或隔离组件子集创建测试工具密切相关。这些组件预期将与其他执行标准职责的“真实”组件集成。然而，凭借足够清晰的接口定义和动态绑定，测试团队就可以为某些组件创建替代品，然后利用这些替代品为其他组件构建或多或少任意的测试条件。事实上，这是测试组件针对其依赖组件的不当行为是否具备鲁棒性的唯一途径。

这些技术均可应用于任何单一设计，而当它们被集成到系统架构中时，其功能将更加强大，并且会成为每个设计的标准组成部分。例如，如果系统使用日志记录，则应在记录内容、时间和位置方面保持一定程度的一致性。如此一来，测试团队只需学习一次日志记录的工作原理，便可在后续验证工作中持续使用该知识。

同样，标准化不同系统元素间的绑定方式也非常重要。这就是为什么许多架构定义了某种动态绑定机制，组件可在初始化期间查找其依赖项，例如在注册表或发现服务中。使用单一机制不仅可以简化系统架构，还会提供一个独特的控制点，测试人员可以在此插入自身的逻辑以进行监控、故障注入等操作。

最后，测试能够提供丰富的信息，为下一轮的设计迭代提供参考依据。尽管测试数据通常在每个开发周期的后期才会产生，但它能够清晰地揭示出系统中存在问题的环节。测试指标多种多样，其中最直观的指标或许就是缺陷的数量。了解、收集这些信息，并以此为依据，确定在未来的设计过程中，系统的哪些部分需要格外关注。

10.7　与运营团队合作

软件产品并非在测试完成后就大功告成了。更确切地说，最好把测试视为“开始”的结束。因为在测试之后，还有部署和运营等重要环节。

㊀ 在计算机科学中，故障注入是一种测试技术，用以了解在以异常方式受压时系统的行为，主要应用于测试和提高容错系统的性能。这可以使用基于物理或软件的方法或使用混合方法来实现。——译者注

与软件测试一样，在进行架构设计时，需要将部署和运营的需求考虑在内。因此，架构团队应该在整个变更过程中与运营团队保持合作。

当然，并非所有的变更都会影响部署和运营。一般而言，任何对部署和运营的潜在影响都可以在概念阶段确定下来。在该阶段，你需要确定如何进行变更，但无须深究细节。此时，你应该与部署和运营团队进行简短的沟通。如果变更没有影响，他们就不需要在其上花费更多的时间；如果变更会产生影响，那么他们可以在设计工作推进到细节阶段时参与进来。（并非所有的组织都会为这些职能设置单独的团队。如果你的组织没有这样的团队，请一定要找到担任这些角色的人员，无论他们身处哪个团队。）

极少有系统会定义自身的部署和运营机制，多数系统依赖于提供部署功能的平台。这类平台多种多样，例如应用商店、云计算服务的容器管理系统等。更复杂的是，一些平台甚至支持多种部署选项。以移动和桌面操作系统为例，它们既支持通过应用商店部署，也支持通过企业软件管理工具、旁载[⊖]等部署。因此，与其重复“造轮子”，不如充分利用现有平台的功能。当然，你也可能需要将软件部署到定制的设备上，而这些设备不具备部署的功能，除非你自行构建一个。另外，在数据中心环境中管理服务部署时，尽管选项众多，但依然需要做出明智的选择。无论面对何种情况，与部署和运营方面的合作伙伴紧密合作都是非常重要的，他们拥有丰富的专业知识，能够帮助你做出明智的选择。

部署完成后，你需要着手处理运营方面的事宜，包括监控软件的运行状况、检测故障并从故障中恢复、更改配置等。同样，针对系统中不同位置的不同类型设备，也有多种解决方案可供选择。

在架构的开发和演进过程中，你需要与运营团队就上述各个方面进行充分的沟通。应对这些挑战没有所谓“正确”的答案。此外，正如软件世界的典型状况，相关技术也在不断地更新迭代。因此，我们的目的并非提供具体的部署和运营设计建议，而是强调双方必须通力合作。

需要指出的是，软件部署触及大多数系统架构中的一个关键问题：新版本软件很少能够同步部署到所有的设备上。因此，部署过程必然会随着时间推移而进行，这意味

⊖ 旁载应用程序是指安装非官方来源的应用程序。——译者注

着在任何给定的时间点，系统中都会存在不同版本的软件。事实上，许多部署策略依赖于逐步推出新版本的能力，并且在问题出现时能够回滚到旧版本上。因此，新版本软件不仅是分阶段部署的，而且在许多系统中，旧版本软件也可以部署并覆盖在新版本的软件之上。

在某些受控的环境中，可以对这个问题施加一些限制条件。例如，规定服务只能进行升级操作。如果新版本包含缺陷，可以选择停止发布并使用更新的版本来替代，而非回滚至旧版本。但这种处理方式并不普遍。

在处理部署到客户端设备上的软件时，不可避免地会遇到安装旧软件或休眠设备上线时仍运行过时版本的情况。设想一下，如果将一台笔记本电脑闲置数月后重启，你很有可能需要等待数个小时才能完成操作系统和应用程序的更新。

此外，所有的系统都会保持状态。若非如此，系统将不具备记忆能力，也将因此失去实用价值。系统状态的表现形式多种多样，例如数据库中的记录行、文件，甚至是内存中持久存在的记录。

无论存储在何处，状态都会根据某些规则持久化。通常，我们将数据库的组织方式称为模式，将文件的组织方式称为格式，但本质问题是相同的：持久化状态具有一定的形式，所有读取和写入该状态的软件版本都必须遵循相同的形式，否则就会出现问题。

因此，某些架构需要适应不同部署版本对系统状态的读写操作。显而易见，较新版本的软件需要能够读取由旧版本写入的状态数据。但是，除非对部署拥有特殊的控制权，否则你的设计必须能够适应旧版本读取而由新版本写入的数据。尽管实现这种新旧交织的兼容性可能很困难，但这几乎总是比“使旧版本永远不会读取新版本写入的数据”更容易。

你的部署和运营团队将在应对这些复杂场景方面发挥关键作用。他们不仅熟悉系统所部署平台的功能，也了解你所构建系统的功能。当问题出现时，他们将是确定下一步行动方案的关键决策者：是暂停更新还是继续推进，是回滚还是坚持原计划。因此，他们是架构团队至关重要的合作伙伴。

10.8 总结

架构只是开发、发布和运营软件产品所需的众多功能之一。要打造一个高效运转的产品开发组织，关键在于对各个功能如何协同工作以及彼此之间的贡献形成共识。

尽管其严格程度有所不同，但各个组织都会遵循一定的方法论来运作。这些开发方法论在如何构建开发生命周期方面存在很大的差异。尽管如此，它们都侧重于描述工作的组织方式，而不是规定具体要完成哪些工作。因此，尽管架构团队必须适应不同的方法论，但制定开发原则和愿景、编写系统文档以及逐步发展系统的核心工作是不会改变的。

架构团队的职责之一就是与产品管理、用户体验、项目管理、工程、测试和运营部门建立并维护良好的工作关系。这些部门是架构的输入方，而架构也为这些职能部门提供输入。作为负责了解整个系统如何运作的职能部门，架构团队在推动各部门协同工作方面扮演着不可替代的重要角色。

结　论

随着时间的推移，软件变得越来越复杂。我们早已习惯了那些触手可及的信息和工具，它们跨越各种设备、遍布全球、为数十亿用户提供支持，而且大多数情况下都能稳定运行。

然而，任何有过大型软件系统构建经验的人都知道，这需要付出何等巨大的努力。这些系统通常由成百上千名工程师耗费数年甚至数十年的时间才得以完成。它们并非“凭空而来”，而是通过团队持续不断的辛苦付出和协作才得以实现。

如何设计这样的系统？如何追踪其组件？如何管理其演进？正是这些挑战让软件架构成为一门学科，正是软件架构为我们提供了管理此类复杂性的流程、工具和工作方式。

然而，架构设计并非遥不可及，也并非只有少数人才能够胜任，更不是由晦涩难懂的仪式所组成。从本质上讲，架构实践需要简单甚至平凡的工作。高效的软件架构设计需要强大的设计流程，但这对任何工程学科来说都是不可或缺的。有效的决策对架构设计大有裨益，但这对任何工作来说皆是如此。记录工作内容、定义术语，这些都是最实用的建议，而不是什么高深莫测、装腔作势的学问。

人人皆可掌握架构，这对每个人来说都是一个好消息。无论你是正考虑在组织内建立全新的架构职能，还是寻求改进现有的架构运作方式，抑或是想达成介于两者之间的任何目标，本书提供的简单明了且务实的指导都将为你提供帮助。

然而挑战依然存在，即使是简单明了的指导，也很难将其付诸实践。如果本书提供的指导方法易于遵循并得到广泛采用，那么我根本就没必要动笔写这本书了。事实上，创作本书的初衷，正是我意识到，即使是那些渴望精益求精的组织，也可能难以找到改进的方向和具体的实施步骤。

尽管我希望能够找到一个通用的解决方案，但实际上并不存在适用于所有组织的简单的架构实践指南。每个组织都有其独特的实践方式以及所面临的挑战，更不用说人员和文化背景的巨大差异。因此，如果想要改变组织中的架构实践，你就需要结合自身的情况，对本书提供的指导进行必要的调整再加以应用。

即便如此，在本书结尾之际，我仍想提供些许建议以供参考：你可以从何处着手，哪些方面应予以优先考虑，以及如何为你的组织“精挑细选”出最佳的方案。

愿景

正如架构师需要以愿景为导向进行工作（参见第 4 章），组织也同样如此。如果你的组织尚未制定愿景，请考虑制定并将其记录下来。与技术愿景一样，组织的愿景旨在推动协调并促进决策。

在制定这一愿景的过程中，你可能会发现需要投入精力来阐释软件架构。这正是一个绝佳的机会，可以借此将软件架构定义为一门学科，描述其运作机制，并解释你认为软件架构如何帮助你的组织取得成功。关于这一点，第 1 章的讨论或许会提供有益的参考。

架构恢复

如果你缺乏关于系统当前状态的完善文档，建议尽早着手完成这项任务。如第 4 章所述，充分了解现状对于制定合理的变更计划至关重要。

在编写系统文档的过程中，你应该获得多种类型的信息。建议你借此机会创建一个词典，其中包含对系统各要素的通用、清晰且简洁的定义。这对于你后续恢复系统设计将大有助益。此外，统一的词典还有助于消除日常沟通中的误解，使交流更加顺畅。

当然，设计文档无疑是此项工作最重要的产出。完成此项工作，你应当能够生成一组完整描述整个系统的设计文档，其中应包含系统的所有组件及其相互之间的关系。尽管这并不能完全等同于系统架构，但如果你能够进一步推导出系统架构中隐含的组织结构和基本原则，并将其记录下来，那么你的设计文档将会更加完善。

最后，借此机会为你正在记录的组件编制目录。软件目录本身就是一项宝贵的资源，也是链接你所编写的设计文档的理想位置。

组织变革

建立有效的架构实践并非一定要进行组织变革。然而，组织变革是一种有效的工具，可以用来强调优先事项、转变沟通模式以及吸引关注。如果没有架构团队，可以考虑组建一个（有关构建架构团队的更多信息，请参阅第 9 章）。如果没有架构负责人，可以考虑设立该职位并聘请一位。

组建团队之后，应立即采取措施，将架构团队的成员召集起来。制定一套架构原则具有双重意义：既能增强团队凝聚力，又能为后续工作提供重要输入。当然，其他团队建设活动也能起到相应的作用。

变更流程

对许多组织而言，通过流程和相关实践来管理变更，代表着最大的改进机遇。然而，挑战在于团队已经开始软件设计并拥有既定实践。即使团队欢迎变更，改进这些实践也可能造成一定的影响。

基于以上原因，为了更好地进行迭代工作，我建议你不要对流程进行大规模的修改。相反，你可以从这些想法中“千挑万选”出适合的方案。一次引入一个变更，评估它，然后进行迭代。

如果你尚未维护一个针对架构的待办事项列表，那么现在就是一个很好的起点。你会发现，这样的待办事项列表能够使整个流程更加清晰，并为第 4 章中描述的许多实践奠定基础。此外，维护待办事项列表通常不会引起争议。毕竟，很难找到反对整理清单和跟踪事项的理由。

另一个好的起点是采用变更提案模板。大多数架构师会发现此类模板对他们的工作大有裨益，因为它能够简化工作流程，而非使其更加复杂。

除上述起点之外，还需要考虑当前流程中最为棘手的环节。如果能够解决那些造成最大困扰的部分，例如评审或决策环节，你将获得最大的投资回报。流程优化固然重要，但也要注意，进一步的变更所能带来的收益将会递减。

结语

创建和运行软件系统所面临的挑战，已经远超几十年前那些简单的独立软件产品所遇到的问题。虽然软件架构只是众多共同构思、实现和运行这些庞大系统的学科之一，但它尤其需要从“全局”的角度出发，理解系统中的所有元素如何协同工作，以及如何随着时间的推移而不断演进。在过去的 20 年中，架构师在开发能够应对这些挑战的技术和架构风格方面已经取得了长足的进步。

有效的软件架构实践是将专业知识与产品开发过程中普遍存在的挑战相结合。架构师具备整合需求的能力，从而设计出一个有凝聚力的整体，而不是一堆零件。同时，架构师也拥有全局视角，他们能够清晰地向团队成员阐释架构的各个部分是如何协同工作的。

要想胜任这项工作，需要的远不止计算机科学的一个学位，也不只是相关架构风格的经验，更需要一个可预测、可重复的过程。这就要求团队能够快速有效地做出决策，并具备全面、一致且清晰的沟通策略，且拥有能够提高效率的工具。最终的目标是打造出一支 1+1>2 的高效团队。

简而言之，组织如何实践软件架构对其开发和交付适用软件的能力具有越来越大的影响。本书所述的这些实践将帮助你引领组织走向更有效的软件架构实践，从而更快速地构建更优秀的产品。

参考文献

[1] ANSI/IEEE 1471-2000, *Recommended Practice for Architectural Description for Software-Intensive System* (2000).

[2] Jackson, Daniel, *The Essence of Software* (2021).

[3] Taylor, Richard, et al., *Software Architecture: Foundations, Theory, and Practice* (2010).

[4] Bass, Len, et al., *Software Architecture in Practice* (2022).

[5] Larman, Craig, and Victor R. Basili, “Iterative and Incremental Development: A Brief History.” *Computer* (June 2003).

[6] Parnas, D. L. “On the Criteria to Be Used in Decomposing Systems into Modules.” *Communications of the ACM* 15 no. 12 (1972): 1053–1058.

[7] Conway, Melvin. “How Do Committees Invent?” *Datamation*(1968).

[8] Jansen, Anton, and Jan Bosch, “Software Architecture as a Set of Architectural Design Decisions.” In *Proceedings of the 5th Working IEEE/IFIP Conference on Software Architecture* (2005).

[9] Covey, Stephen, *The Seven Habits of Highly Effective People* (1989).

[10] Norman, Don, *The Design of Everyday Things* (2013).

推荐阅读

软件架构：架构模式、特征及实践指南

作者：[美] Mark Richards 等 译者：杨洋 等 书号：978-7-111-68219-6 定价：129.00 元

畅销书《卓有成效的程序员》作者的全新力作，从现代角度，全面系统地阐释软件架构的模式、工具及权衡分析等。

本书全面概述了软件架构的方方面面，涉及架构特征、架构模式、组件识别、图表化和展示架构、演进架构，以及许多其他主题。本书分为三部分。第 1 部分介绍关于组件化、模块化、耦合和度量软件复杂度的基本概念和术语。第 2 部分详细介绍各种架构风格：分层架构风格、管道架构风格、微内核架构风格、基于服务的架构风格、事件驱动的架构风格、基于空间的架构风格、编制驱动的面向服务的架构、微服务架构。第 3 部分介绍成为一个成功的软件架构师所必需的关键技巧和软技能。